Der erste Führungsjob

Petra Begemann

Der erste Führungsjob

Wie Sie sich durchsetzen – wie Sie Fehler vermeiden

berufsstrategie

Eichborn

Die Autorin

Dr. Petra Begemann ist Fachautorin für Wirtschaft + Management. Nach langjähriger Tätigkeit im Verlagswesen arbeitete sie als Karriereberaterin und Trainerin. Heute schreibt sie außerdem als Ghostwriterin für namhafte Experten. Zahlreiche Veröffentlichungen, darunter *Der große Business-Knigge* und *Den Chef im Griff*.

Informationen unter *www.petrabegemann.de*

2 3 4 5 10 09

Umschlaggestaltung: Christina Hucke
Redaktion: Caroline Gutberlet
Innenlayout/Satz: Oliver Schmitt, Mainz
Druck und Bindung: Fuldaer Verlaganstalt, Fulda
ISBN 978-3-8218-5963-7

Eichborn Verlag, Kaiserstraße 66, D-60329 Frankfurt am Main
Mehr Informationen zu Büchern und Hörbüchern aus dem Eichborn Verlag finden Sie unter www.eichborn.de.

Inhalt

Zur überarbeiteten Neuausgabe

Seit seinem ersten Erscheinen hat dieses Bändchen zahlreiche Nachauflagen erlebt und sich damit als »Crashkurs« in Sachen Führung bewährt. Sie finden hier das Wichtigste auf einen Blick, kombiniert mit praktischen Beispielen und Verhaltensempfehlungen. Für die vorliegende Ausgabe wurde der Band sorgfältig durchgesehen und behutsam aktualisiert. »Randvoll mit nützlichen Tipps«, meinte getAbstract. Ich würde mich freuen, wenn Sie zum gleichen Urteil kommen!

Petra Begemann, im Sommer 2008

Vorwort

Glückwunsch! Man hat Ihnen eine Führungsposition anvertraut; ein entscheidender Karriereschritt ist geschafft. Jetzt kommt es darauf an, sich in der neuen Rolle zu bewähren. Besitzen Sie »Führungskompetenz«? Welche Eigenschaften sollte eine »gute« Führungskraft haben? Wo lauern die Fallstricke, und wie stellen Sie Ihre Eignung für den Führungsjob möglichst rasch unter Beweis?

Eine Flut von Führungsliteratur zeigt zumindest eines: »Führen« ist ein schwieriges Geschäft. Die Gründe dafür liegen in der Natur der Sache: Kern erfolgreicher Führung ist es, *andere* Menschen zum Erfolg zu führen – mit allen Unwägbarkeiten zwischenmenschlichen Umgangs, oft in einem wirtschaftlich schwierigen Umfeld, meist unter den scharfen Augen innerbetrieblicher Konkurrenten. Entsprechend ambitioniert sind die

Personalleiterwünsche an den Führungsnachwuchs: Fachlich versiert soll er sein, aber auch sozial kompetent; durchsetzungsfähig, dabei jedoch teamorientiert; organisatorisch geschickt, gleichzeitig auch flexibel und innovativ; bei alldem natürlich belastbar und stressresistent. Die Eier legende Wollmilchsau hat es da auch nicht schwerer …

So weit die Theorie. Die Praxis lehrt: Perfekte Führungskräfte gibt es nicht, wohl aber gute, weniger gute und schlicht unfähige. Lassen Sie einmal all jene Menschen Revue passieren, die Ihnen in Ihrem bisherigen Leben »vorgesetzt« waren – von Lehrern und Ausbildern über Professoren bis hin zu Chefs im engeren Sinne: Sie werden wahrscheinlich für jede Fähigkeitskategorie Beispiele finden. Und Sie werden auch die eine oder andere Eigenschaft nennen können, die den einen zur erfolgreichen Führungskraft machte oder den anderen zur Geduldsprobe für jeden, der ihm folgen musste. Das kann die Fähigkeit zum offenen, sachlichen Gespräch bei dem einen sein oder die despotische Willkür eines anderen, zielstrebige Orientierung im ersten Fall oder permanentes Chaosmanagement im zweiten.

Dieser Band wird Ihren Blick schärfen für Erfolg versprechende Führungseigenschaften und für solche, die den Misserfolg vorprogrammieren. Denn nur wer die Fettnäpfe und Fußangeln kennt, kann ihnen ausweichen.

Für Ihre neue Aufgabe wünsche ich Ihnen viel Erfolg!

Petra Begemann

Stärken & Schwächen – Ihre Persönlichkeit

Wer sind Sie?

Kein Erfolg ohne Selbsterkenntnis

Man hat Sie befördert, weil Sie sich als hervorragender Fachmann für XY erwiesen haben? Sie haben im Bewerbungsgespräch aufgrund Ihrer fachlichen Qualifikation und Ihres souveränen Auftretens überzeugt und haben den Anstellungsvertrag als Leiter der Abteilung Z in der Tasche? Wunderbar! Der erste Führungsjob ist zweifellos ein entscheidender Schritt auf der Karriereleiter. Ausschlaggebend für diesen Aufstieg ist in aller Regel die überzeugende Sachkompetenz. Doch die allein ist kein Garant für den Erfolg als Führungskraft: Ein genialer Programmierer kann ein katastrophaler Teamleiter sein; ein erfolgreicher Verkäufer muss nicht unbedingt als Vertriebsleiter reüssieren.

Auch wenn die Personalauswahlverfahren immer ausgeklügelter werden und man »soziale Kompetenz«, »Durchsetzungsfähigkeit« oder »emotionale Intelligenz« mit vielfältigen Verfahren zu testen versucht[1], wie sich Kandidaten später in der Praxis bewähren, können Personalfachleute bis heute nicht sicher prognostizieren. Ein einschlägiges Bonmot über Bewerberschicksale – »Eingestellt wegen seiner Erfahrung, entlassen wegen seiner Persönlichkeit« – spricht hier Bände. Grund genug, nicht blind in den ersten Führungsjob hineinzustolpern, sondern sich vorab Gedanken über die eigenen Stärken und Schwächen zu machen. Denn wenn man weiß, wo und wie man sich hin und wieder selbst ein Bein stellt, kann man frühzeitig gegensteuern.

Hintergrund einer solchen Selbstprüfung: die viel beschworene (und kaum jemals präzisierte) »Führungskompetenz«. Bei unvoreingenommener Betrachtung kann man zumindest so viel sagen: Führungskompetenz besitzt ganz offensichtlich, wer Führungsaufgaben erfolgreich bewältigt. Daraus lassen sich einige zentrale Eigenschaften ableiten:

- Führen heißt erstens, andere Menschen dazu zu bewegen, bestimmte Aufgaben zu erfüllen. Damit nicht genug: Die Mitarbeiter sollen mit Überzeugung an die Sache gehen, nicht etwa aufgrund von Befehl und Gehorsam. Gefordert sind daher kommunikative Fertigkeiten: die Fähigkeit, den eigenen Standpunkt überzeugend darlegen zu können, aber auch angemessen auf Gegenargumente zu reagieren. Eng damit verbunden ist die Fähigkeit zur Einfühlung in andere und gleichzeitig zum beherrschten Umgang mit eigenen Emotionen und Befindlichkeiten – heute unter dem Schlagwort »emotionale Intelligenz« diskutiert.
- Führen bedeutet zweitens die ergebnisorientierte Organisation übergreifender Aufgaben und Abläufe und die Entwicklung von langfristigen Perspektiven und Zielvorstellungen. Unter diesem Gesichtspunkt sind einerseits Sachkompetenz und Fachwissen gefordert, andererseits aber auch Organisationstalent, Tatkraft, Entscheidungsfreudigkeit sowie die Fähigkeit zu strategischem und visionärem Denken.

- Führen bedeutet drittens, auch in Stress- und Krisensituationen die Richtung vorzugeben, den eigenen Standpunkt gegen Widerstände zu behaupten, ohne halsstarrig an überholten Positionen festzuhalten, sowie sich im wettbewerbsorientierten Umfeld firmeninterner wie -externer Konkurrenten durchzusetzen. Erforderlich sind daher auch Belastbarkeit und Durchsetzungsvermögen, Frustrationstoleranz sowie ein gewisses Gespür für Macht und gelungene Selbstdarstellung.

Da ist sie wieder, die Eier legende Wollmilchsau, werden Sie seufzen. Und zweifellos wird niemand dieses Anforderungsprofil in idealer Weise erfüllen. Es lenkt jedoch die Aufmerksamkeit darauf, dass Ihre Fachkompetenz nur ein Baustein unter vielen ist. Und es taugt auch dazu, auf besondere Knackpunkte hinzuweisen. In einer Führungsposition werden Sie es schwer haben,

- wenn es Ihnen schwer fällt, auf andere Menschen zuzugehen und in offener, reibungsfreier Weise mit ihnen zu kommunizieren;
- wenn Sie nur ungern Konflikte austragen und lieber im gegenseitigen Einvernehmen mit allen leben;
- wenn Sie rhetorisch ungeübt sind und sich leicht überrumpeln lassen;
- wenn Sie zu Rechthaberei und Starrsinn neigen;
- wenn Ihnen Organisation und Planung wenig liegt;
- wenn Sie selten über die nahe Zukunft hinausdenken und die Entwicklung langfristiger Strategien nicht gerade zu Ihren Stärken zählt;
- wenn Sie Entscheidungen scheuen – etwa aus Angst vor Fehlgriffen;

- wenn Sie am liebsten »Klartext« reden und taktische Manöver meiden;
- wenn Sie Bescheidenheit für eine Zier und Eigenlob für anrüchig halten, anders ausgedrückt: wenn Sie sich ungern geschickt verkaufen;
- wenn Sie ein ambivalentes Verhältnis zur Macht haben, Ihnen also die Idee, anderen zu sagen, wo es langgeht, eher suspekt ist.

Tipp Prüfen Sie sich vor Stellenantritt sorgfältig: Wo liegen Ihre ganz persönlichen Knackpunkte? In welchen Situationen waren Sie in der Vergangenheit erfolgreich, wo weniger erfolgreich? Welche Schlüsse ziehen Sie daraus für Ihr persönliches Stärken- und Schwächenprofil?

Perfekte Führungskräfte gibt es nicht; jeder hat Schwachpunkte. An vielen dieser Schwachpunkte kann man jedoch arbeiten. Wenn Sie bislang Probleme hatten, das Tagespensum zu schaffen und Arbeitsabläufe zu organisieren, wenn Ihnen öfter mal Termine durchrutschten und vor jeder Deadline eine Nachtschicht drohte, sollten Sie sich in Sachen Zeitmanagement fit machen. Das Angebot an Seminaren und Büchern ist groß. Gehen Sie die Angelegenheit pragmatisch an: Ihren Tag penibel durchzuorganisieren, geht Ihnen wahrscheinlich ohnehin gegen den Strich; ein paar hilfreiche Routinen kann sich aber jeder antrainieren (siehe auch Seite 111 ff. *Funktioniert Ihr Selbstmanagement?*). Wenn Sie in Wortgefechten öfter den Kürzeren ziehen, buchen Sie Seminare im Bereich Rhetorik und Verhandlungstechnik. Wenn Auseinandersetzungen bei Ihnen regelmäßig zum großen Krach eskalieren, setzen Sie sich mit Konfliktmanagement und Strategien für das Üben von Kritik auseinander (und lesen Sie die Seiten 61 bis 72). Man kann Schwächen also gezielt bekämpfen; man kann sie aber auch auf andere Weise kompensieren, wie das folgende Beispiel zeigt.

> ***Fallbeispiel:*** *Werner K. trat seine Stelle als Abteilungsleiter in einem Medienunternehmen mit gemischten Gefühlen an. Die Aufgabe reizte ihn; allerdings bezeichnet er sich selbstkritisch als »rechten Chaoten«. Innovation, die Entwicklung neuer Ideen und Konzepte sah er als seine Stärken; Termine, Zeitpläne, Koordination komplexer Abläufe waren für ihn letztlich öde Verwaltung – bei der es entsprechend haperte. Wie sollte er da die Titelproduktion eines guten Dutzends von Redakteuren und Herstellern reibungsfrei organisieren? Er löste das Problem durch die geschickte Auswahl eines Assistenten. Mit Unterstützung der Personalabteilung suchte er gezielt nach jemandem, der äußerst penibel und gewissenhaft war, gekonnt mit Produktionsplänen jonglierte und das Nachhalten von Terminen als Selbstverständlichkeit betrachtete. Eine hausinterne Bewerbung lieferte ihm glücklicherweise die Idealbesetzung für diese Aufgabe.*

Eine Ihrer wichtigsten Aufgaben in den ersten Wochen wird das Kennenlernen Ihrer neuen Mitarbeiter sein (vgl. Seite 42 ff. *Kennen Sie Ihre Mitarbeiter?*). Verschaffen Sie sich dabei gezielt einen Eindruck über deren besondere Stärken. Auch wenn es oft die Seelenverwandten sind, die einem spontan sympathisch sind – betrachten Sie anders gestrickte Charaktere als Gewinn für Ihre Abteilung. Als kühler Rechner können Sie von einem kreativen Kopf nur profitieren (auch wenn Sie mit dessen spontan-unberechenbarer Art nicht leicht zurechtkommen); als sehr kommunikativer Mensch sollten Sie sich auf den Eigenbrötler einlassen, der vielleicht ein exzellenter Controller ist (auch wenn seine Verschlossenheit Sie irritiert). Denn: Als Führungskraft müssen Sie nicht alles selbst können, Sie müssen aber dafür sorgen, dass das Notwendige getan wird – und zwar möglichst gut.

Was treibt Sie an?

Führungsmotivation

Warum ein Führungsjob? Dumme Frage, mögen Sie denken, schließlich sind mit einer Führungsposition Sozialprestige, ein höheres Gehalt und andere Insignien der Macht vom Dienstwagen bis zum teuren Laptop verbunden. Ob jemand es geschafft hat, wird nicht selten an der Zahl der Mitarbeiter, die ihm »unterstellt« sind, gemessen. Wer sich eher an inneren Werten orientiert, wird die Übernahme von Verantwortung und die Möglichkeit, selbst zu gestalten, nennen.

Wo viel Licht ist, ist naturgemäß auch viel Schatten. Nicht gerade sonnig sieht es oft schon bei den eben zitierten Gestaltungsmöglichkeiten aus. Die große Freiheit winkt gerade in den Einstiegsjobs kaum. Wahrscheinlicher ist, dass Sie erst einmal in einer jener undankbaren Sandwichpositionen landen, in denen Sie mit den Ansprüchen und Vorgaben Ihres eigenen Vorgesetzten und mit den Erwartungen Ihrer Mitarbeiter Druck von oben wie von unten ausgesetzt sind. Gute Mitarbeiterführung ist überdies schwieriger denn je: Die Zeiten, in denen »Untergebene« klaglos gehorchten, sind (glücklicherweise) vorbei; die gut qualifizierten, selbstständigen und selbstbewussten Mitarbeiter von heute wollen ernst genommen und in Entscheidungen einbezogen werden. Da wird statt des autoritären Entscheiders der Chef gefordert, der eher »Coach und Therapeut« sein müsse[2], oder die »Dienstleistung in der Führung« eingeklagt, die den Servicegedanken auf die Mitarbeiterführung überträgt.[3] Und auch das tolle Gehalt verliert vor dem Hintergrund der meist hohen Arbeitsbelastung etwas von seinem Glanz: Nach einer Forsa-Studie arbeitet fast die Hälfte aller deutschen Führungskräfte mehr als 60 Stunden die Woche.[4] Last but not least: Dass die Luft »nach oben dünner« wird, gehört inzwischen zum Alltagsvorrat der Lebensweisheiten. Und in der Tat führen Isolation, Stress und Druck manch eine Führungskraft in die psychische Sackgasse, wie ein Bestseller unter dem Titel *Die Neurosen der Chefs* an zahlreichen Beispielen demonstriert (Hesse / Schrader 1996). Wer sich dennoch auf eine Führungsposition einlässt, sollte das daher mit voller Überzeugung tun.

Was könnte (und sollte) Sie ernsthaft am Einschlagen einer Führungslaufbahn hindern? Personalfachleute gehen davon aus, dass man fehlende Fach- und Methodenkompetenz noch am ehesten ausbügeln kann – Wissen und Kenntnisse lassen sich schließlich erwerben – und dass auch Einstellungen und Fähigkeiten sich (wenn auch in Grenzen) beeinflussen lassen. Die Instrumente des Projektmanagements etwa kann man sich ebenso aneignen wie Branchenkenntnisse auf einem neuen Gebiet; und auch Eigenschaften wie Verhandlungsgeschick oder Konfliktfähigkeit kann man trainieren. Problematisch wird es bei Persönlichkeitsmerkmalen und Interessenlagen, die charakterlich fest verankert und kaum noch beeinflussbar sind. Die Warnsignale sind hier:

1. Ein hohes Maß an Fachorientierung: Wer sein Fach liebt, seinen Ehrgeiz daran setzt, auf dem Laufenden zu bleiben, mit Begeisterung die neueste Fachliteratur verschlingt und sich am wohlsten fühlt, wenn er an konkreten Sachproblemen arbeitet, sollte sich fragen, ob er in einer Expertenlaufbahn nicht glücklicher wird als mit einer Führungskarriere. Das letzte Kapitel machte es schon deutlich: Fachliche Aufgaben treten hinter Mitarbeiterführung und strategischer Ausrichtung der Abteilung zurück. Wer meint, Jahresgespräche mit den Mitarbeitern, Planungsmeetings im Abteilungsleiterkreis oder übergeordnete organisatorische Aufgaben hielten ihn von seiner »eigentlichen« Arbeit ab, fährt auf dem falschen Dampfer: Genau das ist nun Ihre eigentliche Arbeit.

2. Ängstlichkeit und Perfektionismus: Auch wer großen Wert auf Genauigkeit legt und glaubt, alles selbst am besten zu können, steht bei einer Führungsposition rasch auf verlorenem Posten. Für detailverliebtes Feilen an Kleinigkeiten fehlt in der Regel die Zeit. Und wer nur halbherzig Aufgaben abgeben kann, um anschließend die Arbeitsweise seiner Mitarbeiter laufend zu kontrollieren, verliert den Blick für das große Ganze. Pedanten sind selten erfolgreich. Hinter ihrer Einstellung verbirgt sich oft eine tief sitzende Unsicherheit, die das Leben auf einer stressreichen Position erschwert und zudem den Groll der »entmündigten« Mitarbeiter schürt.

3. Interesse an Beständigkeit: Wer sich im Bekannten- und Freundeskreis umgehört hat, wird es bestätigen: Umstrukturierung und Wandel gehören in den meisten Unternehmen zum Alltag. Da wird neu geordnet und fusioniert, outgesourct und rationalisiert. Was heute noch gilt, kann morgen schon infrage gestellt werden, gleichgültig, ob es sich um Zuständigkeiten, Arbeitsweisen, Produktlinien oder die strategische Gesamtausrichtung handelt. Wer das nicht mit der nötigen Gelassenheit auf der einen und der erforderlichen Flexibilität auf der anderen Seite bewältigt, wird selbst in einem nur durchschnittlich dynamischen Umfeld nicht glücklich.

Tipp Lassen Sie sich nicht von Prestige und Status blenden. Überlegen Sie genau, ob Sie sich sowohl mit den besonderen Belastungen, die ein Führungsjob mitbringt, als auch mit der Konzentration auf fachfremde Aufgabenstellungen anfreunden können.

Die Warnsignale kennen Sie nun. Was aber sollte Sie optimistisch stimmen? Was wird Ihnen beim Einstieg als Führungskraft helfen? Neben den Merkmalen, die bereits im ersten Kapitel der Führungskompetenz zugeordnet wurden, vor allem dies:

- *Ehrgeiz und Wettbewerbsorientierung:* keine Angst vor Konkurrenz und der Wunsch, etwas erreichen zu wollen (was nicht heißt, dass Sie mit unfairen Tricks kämpfen und über Leichen gehen sollten!);
- *Interesse daran, Menschen zu beeinflussen:* keine Angst vor Macht, denn allen Managementmoden zum Trotz funktionieren Hierarchien immer noch nach dem klassischen Oben-Unten-Prinzip (was nicht heißt, dass Sie Ihre Macht missbrauchen oder auf persönliche Autorität verzichten können!);
- *eine Neigung, über den Tellerrand hinauszuschauen:* keine Angst vor langfristigen Plänen und Visionen (was nicht heißt, dass Sie das Alltagsgeschäft vernachlässigen dürfen!), und schließlich

- *die Fähigkeit zur Selbstvermarktung:* keine Angst vor Auftritten, ein gutes Maß an Extravertiertheit (was nicht heißt, dass Sie zum hohlen Blender mutieren sollen!).

Schaden kann außerdem Know-how in Sachen Führung nicht. Lesen Sie dazu das folgende Kapitel.

Was passt zu Ihnen, was zur Situation?

Führungsstile

Fallbeispiel: *BWL-Studium mit Auslandsaufenthalten und Praktika, Prädikatsexamen und nach einem Jahr Geschäftsführungsassistenz gleich ein Job mit Führungsverantwortung als Leiter der kaufmännischen Abteilung eines mittelständischen Unternehmens – die Laufbahn von Bernd Z. verlief geradezu bilderbuchmäßig. Die Zahl der Mitarbeiter war zwar noch überschaubar – ein Controller, die Chefbuchhalterin sowie drei Sachbearbeiterinnen –, aber immerhin. Fest entschlossen, frischen Wind in die Abteilung zu bringen, organisierte er Abläufe rigoros um, dachte über die Anschaffung einer neuen Buchhaltungssoftware nach und überraschte seine Mitarbeiter mit etlichen Neuerungen. Dass die Stimmung in »seiner« Abteilung immer frostiger wurde, merkte er kaum. Erst die Kündigung des Controllers, der ihm in einem hitzigen Gespräch »autoritäres Gehabe« vorwarf, machte ihn stutzig.*

Sie mögen fachlich brillant sein – wenn es Ihnen nicht gelingt, eine tragfähige Arbeitsbasis mit Ihren Mitarbeitern zu finden, werden Sie dennoch Schiffbruch erleiden. So wichtig dieser Aspekt ist, so knifflig ist er auch, denn ob die Zusammenarbeit in der Praxis funktioniert, hängt von zahlreichen Faktoren ab:

- *Von den Arbeitsgewohnheiten und Erwartungen Ihrer Mitarbeiter:* Ob Sie die Aufgaben unabhängig arbeitender, hoch qualifizierter Fachleute koordinieren oder an enge Vorgaben gewöhnte Sachbearbeiter führen sollen, macht einen Unterschied.
- *Von Ihrer eigenen Person:* Ob Sie es als Youngster mit erfahrenen Mitarbeitern zu tun haben oder jüngere Mitarbeiter führen, die Ihren fachlichen Vorsprung problemlos anerkennen, ist nicht dasselbe.
- *Von der Unternehmenssituation:* Ob Sie in einer Umstrukturierungsphase Krisenmanagement betreiben oder eine bereits gut organisierte Abteilung übernehmen, stellt unterschiedliche Ansprüche an Ihr Führungsverhalten.

Salopp formuliert: Nicht jede Führungskraft und nicht jedes Führungsverhalten »funktionieren« in jeder Situation. Wäre Bernd Z. nicht fünfzehn Jahre jünger, sondern zehn Jahre älter als seine Mitarbeiter gewesen und hätte im Unternehmen Konsens über die Notwendigkeit einer Umgestaltung bestanden, wäre es wahrscheinlich nicht zum Eklat gekommen.

So einleuchtend das sein mag, als Ratschlag für Ihren Einstieg in einen Führungsjob ist »Es kommt immer auf die Situation an« natürlich dürftig. Was lässt sich darüber hinaus sagen? Grundsätzlich sollten Sie davon ausgehen, dass Sie als Neueinsteiger erst einmal das Vertrauen Ihrer Mitarbeiter gewinnen müssen. Kraft Ihres Platzes im Firmenorganigramm besitzen Sie zwar funktionale Autorität, Sie müssen es allerdings erst noch schaffen, diese Autorität auch als Person glaubhaft zu verkörpern (um nicht als »Grünschnabel, der sich nur aufspielt«, zu enden). Fachkompetenz ist dafür eine gute Basis, sie ist aber längst nicht alles.

Werfen wir einen Blick in die Führungsliteratur. Hier ist man das Problem über die Herausarbeitung verschiedener Führungsstile angegangen. Das zentrale Unterscheidungskriterium ist dabei das Ausmaß, in dem Mitarbeiter an Entscheidungen beteiligt sind. Auf dieser Basis ergeben sich folgende Grundmodelle:

Autoritärer Führungsstil

Der Vorgesetzte trifft alleine sämtliche Entscheidungen; bei ihm herrscht ein strenges Regiment von Befehl und Gehorsam. Die Mitarbeiter sind ausführende Organe; sie arbeiten weitgehend unselbstständig. Dieser Stil fußt naturgemäß auf einer strikt hierarchischen Unternehmensorganisation.

Patriarchalischer Führungsstil

Auch hier liegt die Entscheidungsgewalt allein bei der Führungskraft, die aber ein fürsorglich-väterliches Regiment führt. Die »Untergebenen« sollen die Entscheidungen nachvollziehen können und möglichst mit tragen. Bildlich gesprochen: Während der autoritäre Vorgesetzte eher mit der Peitsche arbeitet, ist dem Patriarchen das Zuckerbrot lieber. Widerspruch ist aber auch hier nicht erwünscht, Mitarbeiterideen stoßen auf Skepsis. In vielen Familienbetrieben findet man diese Struktur vor.

Kooperativer Führungsstil

»Kooperation« heißt in diesem Zusammenhang Beteiligung der Mitarbeiter an den Entscheidungsprozessen. Entscheidungen werden nicht von oben diktiert, sondern unter Berücksichtigung von Vorschlägen und Einwänden der Mitarbeiter getroffen. Konkret bedeutet das, dass der Vorgesetzte eine Problemstellung oder eine vorläufige Entscheidung zur Diskussion stellt und gemeinsam mit den Betroffenen eine Lösung erarbeitet. Von den Mitarbeitern verlangt dies mehr Selbstständigkeit und Eigenverantwortung, von der Führungskraft eine höhere soziale Kompetenz.

Partizipativer Führungsstil

Der »beteiligende« Stil verlagert den Einfluss auf Entscheidungen noch weiter auf die Mitarbeiter. Sie erarbeiten Lösungsvorschläge weitgehend eigenständig und diskutieren sie mit ihrem Vorgesetzten. Dessen Wort besitzt zwar starkes Gewicht, er wird jedoch bemüht sein, einen Konsens herbeizuführen. Eigeninitiative und Selbstverantwortung kompetenter Mitarbeiter sind unerlässlich für dieses Modell, das eine hierarchische Unterordnung weitgehend in den Hintergrund drängt.

Laisser-faire-Stil (permissiver Führungsstil)

»Führung« im engeren Sinne gibt es hier nicht mehr; die Mitarbeiter entscheiden selbstständig. Die Führungskraft präsentiert Lösungsalternativen und koordiniert das Team, verzichtet aber auf eindeutige Richtungsvorgaben. Böse Zungen behaupten, hier stehle sich ein unsicherer Mensch aus der Verantwortung. Die Hierarchie ist gänzlich außer Kraft gesetzt.

Dass heutzutage der kooperative (bzw. bei hoch qualifizierten Teams auch der partizipative) Führungsstil angesagt ist, hat sich inzwischen herumgesprochen. Und bei genauerer Überlegung wird rasch deutlich, dass dahinter mehr steckt als hinter einer der zahlreichen Managementmoden, die bald schon passé sein können. Denn sowohl die Voraussetzungen, die die meisten Mitarbeiter mitbringen, als auch die Anforderungen im Arbeitsalltag machen den autoritären Stil zum Auslaufmodell:

- Das gesellschaftliche und politische Miteinander ist von demokratischen Spielregeln geprägt (oder sollte es zumindest sein). Das kann man im Berufsleben nicht einfach außer Kraft setzen: Wer (im Idealfall) von Kindesbeinen an zum »Mitdenken« und zu Eigenverantwortung erzogen wurde, gibt diese Eigenschaften am Firmentor nicht plötzlich ab und lässt sich widerspruchslos herumkommandieren.
- In vielen Bereichen haben Sie es mit gut ausgebildeten, hoch qualifizierten Mitarbeitern zu tun, die Ihnen in fachlichen Fragen Ihres eigenen Arbeitsgebietes durchaus das Wasser reichen können (oder Ihnen sogar voraus sind). Anordnungen von oben lassen nicht nur dieses Potenzial ungenutzt, sie werden von vielen Mitarbeitern überdies als entmündigend empfunden.
- Viele Arbeitsaufgaben sind komplex und lassen sich nicht bis ins Kleinste »befehlen«. Sie sind auch aus diesem Grund auf motivierte, »mitdenkende« Mitarbeiter angewiesen.
- Und schließlich erfordert auch der harte Wettbewerb in den meisten Branchen lernfähige, flexible, kreative Mitarbeiter. »Kontinuierliche Verbesserungsprozesse« und Innovationen lassen sich nicht von oben diktieren.

Wie das Eingangsbeispiel illustriert, spricht neben solchen allgemeinen Überlegungen auch Ihre eigene Situation als junge Führungskraft dafür, Mitarbeiter in Entscheidungsprozesse einzubeziehen: Enge Vorgaben und Dominanzgesten, die man bei einem älteren Abteilungsleiter vielleicht noch als »typisches Chefgehabe« durchgehen lässt, wird man Ihnen viel eher ankreiden.

Tipp Bevor Sie mit einer »Hoppla, jetzt komm ich«-Mentalität daran gehen, Ihre neue Abteilung umzugestalten, sollten Sie erst einmal bestehende Abläufe und Routinen kennenlernen. Wie wurden Dinge bislang gehandhabt und warum? Haben Ihre neuen Mitarbeiter selbst Verbesserungsvorschläge oder Kritik vorzubringen? Das mag etwas länger dauern, als Änderungen Knall auf Fall einzuführen, hat aber drei entscheidende Vorteile:

- Sie setzen ein Signal, dass Sie Ihre Mitarbeiter ernst nehmen und an einer guten Zusammenarbeit interessiert sind.
- Sie steigern die Chance, dass einmal getroffene Entscheidungen auch tatsächlich in die Praxis umgesetzt werden. Was er selbst mitträgt, akzeptiert ein Mensch weit bereitwilliger als Dinge, die ihm diktiert werden.
- Sie vermeiden den Eindruck der Arroganz und Selbstherrlichkeit, der unweigerlich dann entsteht, wenn Bestehendes ohne weitere Nachfrage einfach vom Tisch gefegt wird.

Anweisungen zu geben, ist daher nur kurzfristig leichter als zu diskutieren und zu überzeugen. Thomas Gordon, Unternehmensberater und entschiedener Verfechter kooperativer Führung, nennt in seinem Bestseller »Managerkonferenz« als mittelfristige Folgen autoritärer Führung unter anderem:

→ Die Kommunikation von unten nach oben funktioniert nur eingeschränkt. Mitarbeiter, die sich gegängelt und gemaßregelt fühlen, behalten beispielsweise einen Fehler im Zweifelsfall eher für sich.

- Andere Mitarbeiter setzen auf »Speichelleckerei« und Schmeicheleien. Auch hier erhalten Sie als Vorgesetzter nicht das neutrale Feedback, das Sie für erfolgreiche Arbeit auf die Dauer brauchen. Und wer ist schon allwissend?
- In der Abteilung breiten sich Konkurrenz und Rivalität aus.
- Einige Mitarbeiter reagieren auf Druck mit Konformismus (Motto: »Nur nicht anecken!«). Wo der Chef immer Recht hat, können Sie auf neue Ideen und Eigeninitiative lange warten.
- Die Alternativreaktion ist Trotz – der Chef hat aus Prinzip Unrecht. Entscheidungen werden unterlaufen, ausgebremst, abwertend kommentiert.[5]

Im Extremfall breiten sich so Frust und Lähmung aus; kompetente Mitarbeiter suchen das Weite.

Was in der Theorie fraglos einleuchtet, ist in der Praxis allerdings nicht so leicht umzusetzen. Wenn alle Vorgesetzten den Lippenbekenntnissen zu kooperativer Führung Taten folgen ließen, wären die Klagen über unfähige Chefs wohl weniger zahlreich: Statistiken zufolge wünscht sich jeder vierte Mitarbeiter einen anderen Boss.[6] Ohne kommunikative Fertigkeiten und etwas psychologisches Gespür funktioniert erfolgreiche Führung daher nicht – Tipps dazu finden Sie im zweiten Teil ab Seite 30.

Und die Praxis kann Sie als neuen Vorgesetzten auch noch aus einer anderen Ecke einholen: Kooperativ führen können Sie nur Mitarbeiter, die sich auch kooperativ führen lassen wollen. Gabriele Stöger, die als Trainerin und Personalberaterin zahlreiche Führungskräfte coacht, hat dies einmal auf die treffende Formel gebracht, Führen sei »keine Einbahnstraße«.[7]

***Fallbeispiel:** Ulrike K., promovierte Chemikerin, hatte als Referentin für Forschungsförderung in einer Bundeseinrichtung bereits erste Führungserfahrungen gesammelt. Dort arbeiteten ihr eine Sachbearbeiterin und eine Sekretärin zu. Im Institut herrschten ein kollegialer Umgangston und ein angenehmes Betriebsklima. Sie wechselte als Referatsleiterin zu einem Industrieverband und musste erstaunt feststellen, dass ihre bewährten Strategien dort versagten. Ihr Mitarbeiterkreis hatte sich vergrößert, der Umgangston war formeller, Hierarchien wurden stärker betont. »Nach wenigen Wochen hatte ich das Gefühl, ich würde nicht richtig ernst genommen. Wenn ich Entscheidungen zur Diskussion stellte, gab es statt Wortmeldungen erstaunte Blicke. Ein älterer Mitarbeiter fragte einmal ganz platt, ob ich denn nicht wisse, was ich wolle? Meine Offenheit wurde mir als Schwäche ausgelegt. Ich bin daraufhin etwas energischer geworden.«*

Auch diese Erfahrung spricht dafür, in den ersten Wochen zunächst die Lage zu sondieren und sein Verhalten entsprechend auszurichten. Nicht in jedem Umfeld und bei jedem Mitarbeiter werden Sie mit Kooperationsangeboten unmittelbar erfolgreich sein. Wer an enge Vorgaben gewöhnt ist, kann mit größerem Freiraum vielleicht nicht umgehen und braucht etwas Zeit, um mehr Selbstständigkeit zu entwickeln. Umgekehrt wird ein Expertenteam, das Ihnen fachlich voraus ist und eigenständig an Sachproblemen arbeitet, mehr Partizipation verlangen.

Und der Laisser-faire-Stil? Sie kennen vielleicht selbst Leute, die klagen, der Chef »ließe immer alles laufen« und sei überhaupt »ein Weichei«. Mitarbeiter wollen wissen, woran sie sind und wohin die Reise gehen soll (vgl. auch Seite 34 ff. *Wissen Sie, was einen »guten Chef« ausmacht?*). Wenn Sie klare Zielvorgaben versäumen, Organisations- und Koordinationsaufgaben nicht wahrnehmen und Konflikten ausweichen, machen Sie sich streng genommen selbst überflüssig.

Wie halten Sie durch?

Umgang mit Stress

»Mens sana in corpore sano«, wussten schon die alten Römer – für alle, die sich erfolgreich vor dem Lateinunterricht gedrückt haben: »Gesunder Geist in gesundem Körper«. In einem Weiterbildungsmagazin liest sich das dann rund 2000 Jahre später so: »Wer mit sich selbst und seinem Körper zufrieden ist, der hat auch mehr Power und Selbstsicherheit.«[8] Inzwischen entdecken immer mehr Unternehmen die Rolle von körperlicher Fitness für die Bewältigung des stressreichen Alltags einer Führungskraft. So hat das *Managermagazin* 1/2000 unter dem Titel »Leibeslektionen« einen neuen Trend entdeckt: Immer mehr Firmen spendieren ihren Topmanagern persönliche Fitnesstrainer, um deren Leistungsfähigkeit zu erhalten. Zitiert wird in diesem Zusammenhang der Vorstandschef von DaimlerChrysler und bekennende Workaholic Jürgen Schrempp mit der Feststellung: »Gesundheit ist nicht alles, aber ohne Gesundheit ist alles nichts« (ebd., S. 206).

Auch wenn Sie noch einige Stufen auf der Karriereleiter vor sich haben, bevor Sie in den Genuss eines persönlichen Trainers kommen: Lassen Sie es erst gar nicht so weit kommen, dass Sie an einer der typischen Managerkrankheiten leiden. Eine Studie des IAS-Institutes für Sozialhygiene (Karlsruhe) unter 6.000

Führungskräften förderte erschreckende Ergebnisse zutage. Danach leiden 85 % der Befragten an vegetativen Beschwerden und Befindlichkeitsstörungen; 75 % an Fettstoffwechselstörungen, 73 % an Wirbelsäulen- und Gelenkbeschwerden und immerhin noch 38 % an Übergewicht.[9]

Der Erfolgsdruck in den meisten Führungspositionen ist groß, die Arbeitszeiten sind lang, die Mitarbeiter mitunter schwierig, die Kollegen womöglich missgünstig – kurz: Der Stress ist groß und der Körper reagiert früher oder später darauf. Für Sport oder anderen Ausgleich haben Sie in den ersten Monaten nun wirklich keine Zeit, schließlich wollen und müssen Sie sich richtig reinknien? Eine beliebte Ausrede – und oft genug der Beginn eines Teufelskreises: Mit der Überarbeitung sinkt die Leistungsfähigkeit, und das wiederum versucht man durch noch mehr Arbeit zu kompensieren. Mit Kopf- oder Rückenschmerzen (wahlweise auch mit Schlafstörungen oder ständigen Erkältungen) noch kreativ zu sein, ist jedoch nicht so einfach. Ziehen Sie lieber vorher die Bremse – und sei es nur aus der nüchternen Überlegung, dass Sie als Führungskraft auf Dauer auch die nötige Belastbarkeit demonstrieren müssen.

Wer stützt Sie?

Das private Umfeld

»Hinter jedem erfolgreichen Mann steht eine Frau, die ihm den Rücken freihält«, hieß es früher. Diese Zeiten sind glücklicherweise vorbei, und Frauen in Führungspositionen haben es da ohnehin schwerer: »Hinter jeder Frau, die erfolgreich werden könnte, steht mindestens eine Frau, die sie am Erfolg zu hindern versucht«, behauptete einmal die bekannte Kabarettistin Lore Lorentz. Das Körnchen bitterer Wahrheit in solchen Bonmots: Wer hart an seiner Karriere arbeitet, könnte einen kostenlosen Rundumservice zu Hause durchaus gebrauchen. Die besten Chancen darauf haben Sie allerdings, wenn Sie gleich bei Ihrer Mutter wohnen bleiben, die klaglos Berge von Blusen oder Hemden bügelt und geduldig Ihren neuesten Erfolgsmeldungen oder Horrorstorys lauscht. In den meisten Beziehungen sieht die Rollenverteilung anders aus – und bietet so Stoff für zahlreiche Konflikte.

Fallbeispiel: *Als Michael S. zum Werbeleiter befördert wurde, stand die Geburt seines ersten Kindes kurz bevor. Das erste Arbeitsjahr in der neuen Position war so arbeitsreich, dass er seine kleine Tochter kaum zu Gesicht bekam – auch die Wochenenden verbrachte er oft im Büro. Seine Frau tolerierte dies zunächst. Zu einem Riesenkrach kam es schließlich, als er die Kleine (die sonst bei seiner Rückkehr meist schon schlief) eines Abends hochnehmen wollte und diese sich heftig gegen den vermeintlich »Fremden« wehrte.*

Führungsexperten warnen heute davor, Freizeit und Familie zu einer »Restgröße« werden zu lassen, und klagen eine durchdachte »Führung der eigenen Person« ein (Walter 2005, S. 268 ff.). Gutes Selbstmanagement erschöpft sich nicht länger in der straffen Durchorganisation des Tagesablaufs, sondern in einer harmonischen Entwicklung sämtlicher Lebensbereiche (vgl. Seite 111 ff. *Funktioniert Ihr Selbstmanagement?*). Diese Balance zu wahren, ist gerade beim Einstieg in einen neuen Job schwierig, und wenn es die erste Position mit Führungsverantwortung ist, wird es meist noch schwieriger. Ihr Stresspegel ist ohnehin schon hoch genug; Stress zu Hause können Sie momentan eigentlich überhaupt nicht brauchen.

Tipp Sichern Sie sich gerade für den Einstieg die Unterstützung Ihres Partners / Ihrer Partnerin. Voraussetzung: Sie treffen keine einsamen Entschlüsse, sondern beziehen Ihren Lebenspartner in die Entscheidung über den neuen Job mit ein. Insbesondere wenn die neue Stelle mit einem Wohnortwechsel verbunden ist, müssen Sie vorab klären, wie Sie Beruf und Privatleben unter einen Hut bringen können. Beweisen Sie außerdem auch beim Nicht-Arbeiten Disziplin: Planen Sie konsequent Auszeiten und gemeinsame Aktivitäten. Rund um die Uhr effektiv sein, kann ohnehin niemand.

»Grenzen setzen« lautet also ein Erfolgsrezept. Auch darin zeigt sich letztlich die Souveränität, die man von einer Führungskraft erwartet. Wenn selbst der britische Premierminister Tony Blair nach der Geburt seines vierten Kindes im Job etwas kürzer treten konnte, sollten Sie es eigentlich auch schaffen, öfter mal vor 20 oder 21 Uhr zu Hause zu sein, oder?

Jasager & Rebellen? – Ihre Mitarbeiter

Pflöcke einschlagen

Ihr Start als »neuer Chef«

Ihr erster Arbeitstag rückt näher, und etwas nervös werden Sie schon. Das ist nicht weiter verwerflich: Wer überhaupt keine Angst (oder nicht einmal ein leises Unbehagen) kennt, leidet oft nur unter einem Mangel an Fantasie. Ihren neuen Mitarbeitern geht es ähnlich. Wie auch immer der alte Chef war – man wusste zumindest, mit wem man es zu tun hatte. Diese Gewissheit ist nun weg: Als »Neuer« sind Sie ein Unsicherheitsfaktor. Was folgt, ist eine Phase des gegenseitigen Sich-Beschnüffelns, in der vor allem Ihre ersten Handlungen mit Argusaugen beobachtet werden. Wenn Sie nicht aufpassen, verpasst man Ihnen ganz schnell ein Etikett, das Sie gar nicht mögen.

> ***Fallbeispiel:*** *Gerlinde S. tritt als junge PR-Managerin in die Fußstapfen eines langgedienten Pressechefs. Ihre neuen Mitarbeiterinnen trauern dem Patriarchen und seinem etwas altmodischen Charme schon ein bisschen nach … Gerlinde S. dagegen geht die Dinge nüchtern-zielstrebig an. Gleich am ersten Tag kümmert sie sich um ein paar grundlegende Fragen:*

Sie braucht natürlich ein Handy. Wieso hat der PC noch keinen Internetanschluss? Wo bekommt sie Visitenkarten? Und die Büroausstattung ist auch von vorgestern. Im Vorstellungsgespräch hatte man ihr angeboten, sich nach eigenem Geschmack und moderner einzurichten. Ihre erste Bitte an ihre neue Sekretärin lautet daher, mal die Kataloge einschlägiger Möbelhäuser zu beschaffen.
Ergebnis: Über den Flurfunk verbreitet sich in Windeseile, dass man sich da wohl eine »karrieregeile Zicke« ins Haus geholt habe.

Wahrscheinlich würden Sie aus allen Wolken fallen, wenn Sie wüssten, wie einige Ihrer Handlungsweisen interpretiert werden. Da wird eben nicht nüchtern registriert, sondern symbolisch aufgeladen. Und aus dem, was Sie zuerst tun, schließt man zumindest darauf, was Ihnen besonders wichtig ist.

Tipp Vorrangig geht es erst einmal darum, Ihre neuen Mitarbeiter und Ihr Arbeitsgebiet kennen zu lernen. Außerdem müssen Sie Kontakte zu Kollegen auf Ihrer Entscheidungsebene knüpfen (Stichwort »Networking«, vgl. Seite 92 ff.) und das politisch-soziale Parkett sondieren. Selbst wenn Ihnen der gemusterte Teppich Ihres Vorgängers jeden Morgen aufs Neue eine Schrecksekunde beschert: Darum können Sie sich in sechs Wochen immer noch kümmern.

Ganz oben auf Ihrer To-do-Liste sollten also Gespräche mit Ihren Mitarbeitern stehen – mehr dazu auf Seite 72 ff. Pflöcke einschlagen müssen Sie aber nicht nur bei den Arbeitsinhalten, sondern auch in puncto Führungsverhalten. Bei aller Offenheit und Kooperativität: Signalisieren Sie, dass Sie wissen, was Sie wollen. »Durchsetzungsfähigkeit«, »Biss«, auch ein »gesundes Maß an Aggressivität« lauten hier die Wunschvorstellungen der Personalfachleute; und selbstverständlich sollen Sie das mit »sozialer Kompetenz« und dem nötigen Fingerspitzengefühl in der Mitarbeiterführung verbinden. Ein Drahtseilakt, zugegeben. Letztlich bedeutet das: Sie müssen wissen, wann Sie Klartext reden sollten.

Ihre neue Sekretärin führt lange Privatgespräche, vergisst aber laufend, Ihnen dringend benötigte Unterlagen zu besorgen, und verschlampt Termine? Zusätzlich wimmeln Ihre Briefe von Schreibfehlern? Wenn Sie sich nicht bis ans Ende Ihrer Tage im Unternehmen darüber ärgern wollen, sollten Sie das schleunigst ansprechen – moderat im Tonfall, aber hart in der Sache (zu Kritikgesprächen vgl. Seite 61 ff.). Sie haben als Vertriebsleiter mit dem Außendienst wöchentliche Feedback-Telefonate vereinbart, um über die Stimmung draußen und aktuelle Probleme auf dem Laufenden zu sein, und einer Ihrer Mitarbeiter sabotiert diese Vereinbarung beharrlich? Wenn Sie sich damit abfinden, haben Sie womöglich bald das nächste Führungsproblem. Kooperation ist ein Geschäft auf Gegenseitigkeit: Ihre Mitarbeiter haben Anspruch auf Respekt und Mitsprache, Sie im Gegenzug auf Engagement und die Einhaltung einmal getroffener Vereinbarungen. Wenn eine Seite den Vertrag aufkündigt, funktioniert das Modell nicht mehr.

Tipp Seien Sie sich bewusst, dass Sie es in Ihrer neuen Position nicht allen recht machen können. Sie werden unpopuläre Entscheidungen treffen und Konflikte aushalten müssen. Ihr Ziel darf nicht sein, bei allen beliebt zu sein, es muss sein, innerhalb des Unternehmens respektiert zu werden.

Der Schatten im Hintergrund

Ihr Vorgänger und sein Führungsstil

Mitarbeiter und Führungskraft als eingespieltes Team – dieser Idealzustand stellt sich mit etwas Glück bei langfristiger Zusammenarbeit ein. Dazu trägt unter anderem bei, dass langjährige Vorgesetzte auf die Dauer ein Team von Leuten um sich versammeln, das zu ihnen passt. Unzufriedene Mitarbeiter haben sich verändert, bei der Auswahl neuer können die eigenen Vorstellungen durchgesetzt werden. Hinzu kommt: Die Claims sind abgesteckt und die wichtigsten Kämpfe ausgefochten, man hat sich miteinander arrangiert. Und nun kommen Sie und wollen die Spielregeln ändern. »Das hat Herr X aber anders gehandhabt!«; »Das haben wir noch nie so gemacht« – oder schlicht mürrische Gesichter bei jedem Neuerungsvorschlag – sind eindeutige Indizien für gut eingefahrene Gleise, die man nicht verlassen möchte.

Tipp Hüten Sie sich davor, den Stil Ihres Vorgängers zu kommentieren oder sich gar auf Diskussionen darüber einzulassen. »Das ist doch alles viel zu umständlich!« oder »Das macht doch heutzutage keiner mehr so!« – mit solchen Äußerungen verhärten Sie nur die Fronten. Bleiben Sie in der Sache aber hartnäckig: Wenn es sachliche Einwände gegen bestimmte Pläne gibt, kann man darüber reden; die Abteilungsgeschichte als solche ist aber kein Sachargument.

Setzen Sie auf Hartnäckigkeit: Am besten fahren Sie, wenn Sie freundlich, aber unbeirrbar Ihre Linie verfolgen. Auf die Dauer wird der Stern Ihres Vorgängers verblassen, nicht zuletzt weil sich erste Vorteile Ihrer Neuerungen herausstellen. Und warum würden Sie sie sonst einführen?

Gretchenfrage 1

Wissen Sie, was einen »guten Chef« ausmacht?

Streng genommen gibt es so viele Führungsstile wie Führungskräfte, und nicht in jeder Situation sind die gleichen Strategien erfolgreich. Diese schlechte Nachricht mussten Sie im ersten Teil des Buches verkraften. Jetzt kommt die gute: Bei allen situativen Unwägbarkeiten gibt es einige Konstanten, die in den Augen der meisten Menschen einen »guten Chef« kennzeichnen:

- *Ein guter Vorgesetzter vermittelt Sicherheit:* Er hat klare Vorstellungen und Ziele – und er äußert sie ebenso klar. Er fällt nicht plötzlich um, wenn er Druck von oben bekommt, und verschanzt sich nicht hinter einem »Da haben wir uns wohl missverstanden«, wenn er – aus welchen Gründen auch immer – eine Kehrtwendung vollzogen hat. Psychologisch einleuchtend: Unberechenbarkeit schürt Unsicherheit und schlimmstenfalls das Gefühl der Willkürlichkeit. Was Psychologen und Personalfachleute betonen, bestätigen aktuelle Umfragen: »Konsequent und standfest«, so wünschen sich nach einer Umfrage des Karrieremagazins *Bizz* 94 % aller Mitarbeiter ihren Chef.[10]
- *Ein guter Vorgesetzter respektiert seine Mitarbeiter:* Herr Meier und Frau Schulze fühlen sich bei ihm nicht als bloße Funktionsträger, als wandelnde Personalnummern, sondern als Menschen wie als Mitarbeiter ernst genommen. Dazu gehört einerseits die Anerkennung der Leistung des Einzelnen, andererseits aber auch ein persönlicher Ton im gegenseitigen Umgang. Dass kühle Geschäftsmäßigkeit alleine nicht ausreicht,

stellte der bekannte Motivationsforscher Frederick Herzberg schon in den 60er-Jahren fest: Als einen der zentralen demotivierenden Faktoren ermittelte er »mangelnde interpersonelle Beziehungen zu Vorgesetzten«[11]. Die schon zitierte *Bizz*-Umfrage gibt Herzberg Recht: 96 % aller Befragten wünschen sich ein »offenes Ohr« des Chefs; 86 % auch ein »großes Herz«.

- *Ein guter Vorgesetzter lässt die Leute ihre Arbeit tun:* Er gängelt nicht, engt nicht dort durch strikte Vorgaben ein, wo es durchaus unterschiedliche Wege zum Ziel gibt, versteht sich nicht als Arbeitspolizei, die ständig kontrollieren muss, ob auch noch alles im grünen Bereich ist. Er versteht es also zu delegieren (vgl. Seite 104 ff. *Können Sie delegieren?*) und gesteht den Mitarbeitern Fachkompetenz und Selbstständigkeit zu.

Während Punkt 3 vor allem eine Frage der Arbeitsorganisation ist und das schon besprochene kooperative Führungsmodell stützt, unterstreichen die ersten beiden Punkte erneut die Rolle der »richtigen« Kommunikation im Führungsalltag. Wie vermittelt man Sicherheit, Respekt, persönliche Wertschätzung? Eine Frage, die sich schlicht mit einer Reihe von Gegenfragen beantworten lässt:

- Können Sie zuhören?
- Sagen Sie klar, was Sie wollen?
- Geben Sie regelmäßig Feedback?
- Betreiben Sie eine gute Informationspolitik?
- Nehmen Sie den Menschen wahr?

a) Können Sie zuhören?

Natürlich, Sie sind ja nicht taub. Eine schwache Antwort, denn ums bloße *Hören* geht es hier nicht.

Fallbeispiel: *Sabine S., Redaktionsassistentin, im Gespräch mit ihrem Vorgesetzten, Herrn Wenz. Es geht um eine Buchreihe zum Thema Garten, für die Sabine S. verantwortlich ist.*

Sabine S.: *Herr Wenz, irgendwie geht es mit der Reihe nicht voran. Ich traue dem Producer X [externer Partner, der die Buchprojekte realisiert] nicht über den Weg.*

Herr Wenz: *Wieso denn, mit dem arbeiten wir doch schon seit Jahren?*

Sabine S.: *Er überzieht sämtliche Termine, und Bildmaterial zur Ansicht rückt er auch nicht heraus. Ich habe schon dreimal gemahnt.*

Herr Wenz: *Na ja, es ist eben auch ein großes Projekt. Wann hätte er denn liefern sollen?*

Sabine S.: *Vor zwei Wochen, aber das ist es ja nicht allein …*

Herr Wenz: *Wissen Sie was, ich trete dem X einfach mal auf die Füße. Ich wollte sowieso mit ihm wegen einer anderen Sache telefonieren. Lassen Sie sich keine grauen Haare wachsen – in drei Tagen haben Sie Ihre Bilder.*

Das traditionelle Bild des Vorgesetzten ist das des souveränen Machers, der alles im Griff und bei Problemen rasch eine Lösung parat hat. In diesem Sinne hat Herr Wenz sich »vorbildlich« verhalten. Leisen Protest (»… aber das ist es ja nicht allein …«) übersieht er großzügig. Dennoch macht Sabine S. gegenüber einer Kollegin anschließend ihrem Ärger Luft: »Der hat mich einfach plattgebügelt!« »Aktives Zuhören« lautet die Zauberformel der Kommunikationswissenschaftler für solche Fälle. Hätte Herr Wenz ihren Rat befolgt, wäre das Gespräch vielleicht so gelaufen:

> Sabine S.: *Herr Wenz, irgendwie geht es mit der Reihe nicht voran. Ich traue dem Producer X nicht über den Weg.*
> Herr Wenz: *Sie haben den Eindruck, Herr X ist unzuverlässig?*
> Sabine S.: *Ja, er überzieht sämtliche Termine, und Bildmaterial zur Ansicht rückt er auch nicht heraus. Ich habe schon dreimal gemahnt.*
> Herr Wenz: *Und das macht Ihnen große Sorgen?*
> Sabine S.: *Ich habe einfach ein ungutes Gefühl. Die Probetexte waren nicht besonders, die Terminpläne werden nicht eingehalten, jetzt ist das Bildmaterial drei Wochen überfällig. Wenn er das noch nicht beschafft hat, ist der Erscheinungstermin März kaum mehr zu halten. Und im Mai will keiner mehr die Gartenserie.*
> Herr Wenz: *Das wäre eine ziemliche Katastrophe. Was schlagen Sie vor?*
> Sabine S.: *Ich denke, wir sollten das Bildmaterial ultimativ anfordern. Außerdem würde ich gerne die ersten Textkapitel sehen. Wenn er das nicht binnen einer Woche liefert, müssen wir stärkere Geschütze auffahren. Kann ich mit Ihrer Rückendeckung rechnen?*

Herr Wenz hört aufmerksam zu, ist aber nicht mit vorschnellen Lösungen zur Stelle. Er beschränkt sich im Wesentlichen darauf, die Äußerungen von Sabine S. in eigenen Worten wiederzugeben. Durch diese Form des aktiven Zuhörens gibt er seiner Mitarbeiterin den Raum, das Problem darzustellen, und signalisiert: Ich nehme deine Sicht der Dinge ernst.

Aktives Zuhören ist jedoch nicht allein eine gute Strategie, um Wertschätzung zu vermitteln: Durch das Paraphrasieren werden Missverständnisse ausgeschlossen und oft genug erst die eigentlichen Problemkerne offen gelegt (wie auch im Beispiel oben die Sorge um den Erscheinungstermin).

b) Sagen Sie klar, was Sie wollen?

> **Fallbeispiel:** *Die Mitarbeiter einer kleinen PR-Agentur litten unter den schwammigen Arbeitsaufträgen ihrer Chefin. Eine ganze Zeit lang kursierte eine handschriftliche Mitteilung der Leiterin, über die sich alle köstlich amüsierten. Einem der Mitarbeiter wurde in kaum lesbarer Handschrift aufgetragen: »Kümmern Sie sich mal um Dr. … !« (Hier folgte der Name eines prominenten Fernsehdoktors.) Kontext: Man plante gerade eine PR-Kampagne für ein gesundes Pflanzenöl. Die Kollegen sammelten spontan eine ganze Reihe abenteuerlicher Interpretationen, wobei das Einölen des Prominenten noch zu den harmloseren zählte.*

»Sag, was du meinst, und du bekommst, was du willst«, empfiehlt ein Rhetorik-Bestseller schon im Buchtitel.[12] »Machen Sie das Protokoll bitte bis Dienstagabend fertig.« »Ich brauche eine Aufstellung unserer wichtigsten Kunden nach Umsätzen im letzten Jahr, sortiert nach Reisegebieten. Können Sie das bis übermorgen 14 Uhr erledigen?« – eigentlich gar nicht so schwer. Wenn Sie sich dagegen in schwammige Formulierungen flüchten – sei es aus Eile, Gedankenlosigkeit oder weil Sie direkte »Anweisungen« scheuen –, sollten Missverständnisse Sie eigentlich nicht überraschen.

Tipp Was wollen Sie, bis wann und in welcher Form? Diese einfache Faustregel garantiert die Eindeutigkeit Ihrer Formulierungen. Und was die Scheu vor direkten Anweisungen angeht: Auch im Geschäftsleben macht der Ton die Musik und unterscheidet die barsche Aufforderung von der Bitte. Begründungen mitzuliefern (Warum brauchen Sie etwas jetzt, warum in einer bestimmten Aufbereitung usw.?) schadet ebenfalls nicht.

c) Geben Sie regelmäßig Feedback?

Nach einer Umfrage des renommierten Managementzentrums St. Gallen unter erfahrenen Führungskräften weisen Jungmanager die größten Schwächen beim Delegieren und beim Geben von Feedback auf.[13] Wenn Sie sich sämtliche Rückmeldungen für das Jahresgespräch aufsparen, dürfen Ihre Mitarbeiter die restlichen elf Monate darüber rätseln, wie sie wohl dastehen. Ebenso wenig angenehm: ein Chef, der Fehlentwicklungen zähneknirschend hinnimmt, um sie einem dann in einem Wutanfall hübsch gesammelt an den Kopf zu werfen. Nach einer solchen Erfahrung kann der Betreffende dann jedes Mal, wenn Sie ihm mit umwölkter Miene über den Weg laufen, darüber nachgrübeln, ob Sie (a) sauer auf ihn sind, (b) sich Sorgen über ganz andere Dinge machen oder (c) vielleicht unter Zahnschmerzen leiden.

Regelmäßiges Feedback trägt daher ebenfalls dazu bei, die eingangs eingeklagte »Sicherheit« zu schaffen. Wenn Projekte abgeschlossen, größere Aufgaben erledigt oder wichtige Präsentationen gehalten worden sind, sollte Ihnen das einen Kommentar wert sein. Ob Sie das in einem Extragespräch, durch eine schriftliche Notiz oder durch eine kurze Bemerkung beim nächsten Zusammentreffen in die Tat umsetzen, mag von Fall zu Fall variieren – einfach vergessen sollten Sie es nicht.

d) Betreiben Sie eine gute Informationspolitik?

Als Führungskraft haben Sie dank Ihrer Position früher als Ihre Mitarbeiter Zugang zu bestimmten Informationen (etwa die Firmenpolitik, die strategische Ausrichtung des Unternehmens betreffend). Manche dieser Informationen werden vertraulich sein, bei anderen wird man es Ihnen überlassen, wann Sie Ihre Mitarbeiter unterrichten. Wer hier nach der alten Devise »Wissen ist Macht« verfährt, entzieht einer vertrauensvollen Zusammenarbeit gekonnt den Boden.

Tipp Unterschätzen Sie die Gerüchteküche nicht! Bevor sich über dunkle Kanäle irgendwelche Horrormeldungen verbreiten, die den Arbeitsalltag lähmen, sorgen Sie lieber selbst für Aufklärung. In Zeiten permanenter Umstrukturierungen finden notorische Schwarzseher leichter Glauben, als Sie vielleicht vermuten.

Selbst wenn Sie (noch) keine konkreten Aussagen machen können, ist es allemal besser, auf die Besorgnis der Mitarbeiter zu reagieren – und sei es nur, indem Sie ebendies mitteilen und frühestmögliche Informationen ankündigen –, als die Spekulationen weiter brodeln zu lassen. Das nämlich ist bestens geeignet, den Mitarbeitern das Gefühl zu geben, für sie »interessiere sich ja eh keiner«. Damit sind wir beim letzten Punkt angelangt.

e) Nehmen Sie den Menschen wahr?

Keine Sorge, Sie sollen aus Ihrer Abteilung keine gefühlsselige Selbsterfahrungsgruppe machen. Und Sie brauchen sich auch nicht täglich nach dem Befinden der kranken Frau von Mitarbeiter X und den Bandscheibenproblemen von Mitarbeiterin Y zu erkundigen. Dennoch: Engagierte Mitarbeit und das Gefühl, nur namenloses Rädchen im großen Getriebe zu sein, passen nicht zusammen. Ein persönlicherer Umgang beginnt bereits bei kleinen Dingen wie dem Grüßen auf dem Flur, dem Ansprechen mit Namen, einem kurzen Smalltalk nach der Rückkehr aus dem Urlaub, der Gratulation zum Geburtstag.

Eigentlich selbstverständlich für Sie? Umso besser. Es soll immer noch Firmen geben, in denen streng nach Rang gegrüßt wird (Bosse sozusagen befreit sind), und es gibt immer wieder Menschen, die den Grad ihrer Freundlichkeit subtil auf die »Wichtigkeit« des Gegenübers abstimmen. Da wird dann der Firmenchef mit Blendaxlächeln empfangen, der Kollege höflich behandelt, ein Mitarbeiter kurz abgefertigt und der Hausmeister als wandelndes Mobiliar schlicht ignoriert. Wer so handelt, übersieht, dass auch der Hausmeister spätestens dann »wichtig« für ihn wird, wenn er sich ausgeschlossen hat und auf dessen Generalschlüssel angewiesen ist. Und er führt den (in kaum einem Firmenleitbild fehlenden) Satz von den Mitarbeitern, die »im Mittelpunkt stehen«, täglich ad absurdum.

Um Missverständnissen vorzubeugen: Dies ist kein Aufruf zu Distanzlosigkeit und Kumpanei. Selbstoffenbarung und private Verbrüderung machen angreifbar und werden Sie in Ihren Führungsaufgaben behindern. Dies ist ein Plädoyer für die kleinen Gesten, in denen sich ein respektvoller Umgang miteinander (auch) ausdrückt.

Gretchenfrage 2

Kennen Sie Ihre Mitarbeiter?

Fallbeispiel: *Monika B. wird Cheflektorin in einem kleinen Verlagshaus. Ihre neuen Mitarbeiter – vier Lektoren und eine Frau, die Buchlizenzen einkauft – sind skeptisch bis abwartend. Die wirtschaftliche Situation ist nicht rosig, und Monika B. hat keine Erfahrung im aktuellen Programmbereich. Das Lektorenteam spart nicht mit kritischen Tönen und stellt die eine oder andere Programmentscheidung infrage. Einen Schonraum bietet da nur die Abteilungssekretärin, die die neue Chefin bedingungslos anhimmelt und jede ihrer Äußerungen mit einem »Ja, genau!« quittiert. Verständlich, dass Monika B. sich über die reibungslose Zusammenarbeit freut. Dabei übersieht sie die schlampige Ablage, das unzuverlässige Terminmanagement, Unfreundlichkeiten bei Anfragen am Telefon – und auch, dass die Abteilungssekretärin Aufträge der Teammitglieder mehr und mehr ausbremst, weil sie sich der Rückendeckung von oben sicher ist. Folgen: mieses Klima, Demotivation (nicht zuletzt wegen des Eindrucks, als »unfähiger Schleimer« komme man neuerdings wohl am weitesten), schließlich ein offener Konflikt über die Verteilung bestimmter Aufgaben.*

Das Beispiel macht deutlich, warum gute Führungskräfte nicht nur fachkompetent, sondern auch Experten im Managen zwischenmenschlicher Beziehungen sein müssen. Wenn Sie die zentrale Aufgabe der Mitarbeiterführung völlig unreflektiert angehen, können Sie sich schnell eine blutige Nase holen. Spontane Impulse sind hier schlechte Ratgeber. Kritik und Widerspruch etwa sind natürlich unbequem. Wenn es sich jedoch nicht um haltlose Miesmacherei handelt, profitieren Sie in der Sache davon. Notorische Jasager dagegen bringen Sie bei der Erreichung Ihrer Abteilungsziele – und daran wird Ihr Erfolg im Unternehmen wesentlich gemessen – im Zweifelsfall keinen Schritt weiter. Wer kritisiert, dem liegt in der Regel noch etwas an der Sache; wer alles schluckt und jede Anweisung hinnimmt, hat dagegen vielleicht schon innerlich gekündigt und will hauptsächlich die Zeit bis zum Feierabend konfliktfrei überstehen.

Ihre neuen Mitarbeiter erst einmal besser kennen zu lernen, wird daher eine Ihrer Hauptaufgaben in den ersten Wochen sein. Wichtig für Sie sind dabei zwei Dinge:

- die fachliche Kompetenz Ihrer Leute und
- deren Einstellung Ihnen und der Arbeit gegenüber.

Beide Dimensionen – Einstellung und Kompetenz – ergeben zusammen ein unter Personalfachleuten verbreitetes Raster von »Mitarbeitertypen«.[14] Dass jede Typologie stark vereinfacht und nicht alle Nuancen der Wirklichkeit abbilden kann, versteht sich von selbst. Zumindest eignet sie sich aber dafür, Ihren Blick ein wenig zu schärfen.

Bei einer Einordnung hinsichtlich Einstellung und Kompetenz könnten Sie auf folgende Mitarbeiter stoßen:

- 1. Fachlich kompetent + positiv eingestellt (»Leistungsträger«)
  Mit anderen Worten motivierte, Ihnen aufgeschlossen gegenübertretende Mitarbeiter, die noch dazu etwas auf dem Kasten haben. Das schließt sachlich fundierte Kritik im konkreten Fall keineswegs aus.

- 2. Fachlich kompetent + negativ eingestellt (»Rebellen« und »Gegner«)
  Fähige Mitarbeiter, die aus irgendeinem Grund auf permanenten Konfrontationskurs gehen – sei es, dass sie offen rebellieren, sei es, dass sie Ihre Vorgaben permanent zu unterlaufen versuchen. Egal was Sie tun, es ist immer falsch. Über die Gründe kann man spekulieren: Vielleicht hat da jemand selbst auf Ihren Posten gehofft, ein anderer hasst es, sich von »einem jungen Spund herumkommandieren zu lassen«, und ein Dritter kann vielleicht schlicht Frauen in Führungspositionen nicht ertragen.

- 3. Fachlich inkompetent + positiv eingestellt (»Jasager«)
  Boshaft spricht man hier auch von den »Abnickern« und »Schleimern«, die es in fast jeder Abteilung gibt. Natürlich müssen diese Leute nicht unbedingt unfähig sein: Im Zweifelsfall ist ihnen jedoch ihr Seelenfrieden weit wichtiger als die Mobilisierung ihrer Sachkompetenz.

- 4. Fachlich inkompetent + negativ eingestellt (»Katastrophen«)
  Eine Geduldsprobe für jeden Chef: Mitarbeiter, deren Engagement gegen Null geht und die noch dazu durch Ahnungslosigkeit oder permanente Fehler glänzen. Wahrscheinlich hat schon Ihr Vorgänger resigniert – was für Sie ein schwacher Trost ist.

Wie lernen Sie Ihre Mitarbeiter am besten kennen? Und was fangen Sie dann mit Ihren Erkenntnissen an? Zur ersten Frage: Beschränken Sie sich nicht auf einen raschen Rundgang an Ihrem ersten Tag, bei dem Sie jedem die Hand schütteln und drei mehr oder weniger belanglose Sätze wechseln. Führen Sie Gespräche von einer halben bis einer Stunde mit jedem Ihrer Mitarbeiter. Ob Sie dafür Termine vereinbaren oder ob sich dies spontan umsetzen lässt, hängt von der Arbeitsorganisation Ihrer Abteilung ab. Unterstreichen Sie in jedem Fall, dass es Ihnen darum geht, Ihre Mitarbeiter wie auch die Sachaufgaben und Abläufe in der Abteilung besser kennen zu lernen. Wenn Sie solche Informationsgespräche gleich zu Beginn und *vor* eigenen Absichtserklärungen führen, signalisieren Sie damit gleichzeitig Respekt und Interesse. Wenn Sie allerdings bereits vollmundig erklärt haben, was sich alles ändern muss, wird das Ganze wahrscheinlich als Leistungsprüfung oder »Kontrollgespräch« verstanden werden.

Tipp Durch offene Fragen – also solche, die dem Gesprächspartner Gelegenheit zu einer ausführlichen Antwort geben und ihn nicht in ein geschlossenes Ja / Nein-Antwortschema zwingen – können Sie sich am ehesten ein Bild machen. Für welche Aufgaben ist der Mitarbeiter verantwortlich? Welches Projekt bearbeitet er gerade? Was reizt ihn besonders an seinem Arbeitsgebiet? Was ärgert ihn / wo gibt es Probleme? Wodurch könnten Sie ihn besonders unterstützen? Welche Erwartungen hat er an Sie? Sieht er Verbesserungsmöglichkeiten für Abläufe und Verfahrensweisen in Ihrer Abteilung? Welche?

Ergänzt durch die tägliche Zusammenarbeit und erste Abteilungsmeetings, wird Ihnen ein solches Gespräch eine vorläufige Einschätzung erlauben. Machen Sie sich in jedem Fall selbst ein Bild und betrachten Sie Empfehlungen Ihres Vorgängers mit Skepsis.

Nehmen wir an, die ersten vier, fünf Wochen in der neuen Position sind ins Land gegangen und Sie haben eine ungefähre Vorstellung, mit wem Sie es zu tun haben. Welche Konsequenzen ziehen Sie daraus?

Freuen Sie sich, wenn Sie mehrere »Leistungsträger« entdeckt haben. Auf diese Leute können Sie bauen, wenn es um den Erfolg Ihrer Abteilung geht. Betrauen Sie sie mit anspruchsvollen Aufgaben und vermeiden Sie Gängeleien. »Motivieren« müssen Sie solche Mitarbeiter nicht, sie zu demotivieren gelingt manchen Vorgesetzten jedoch hervorragend (zum Thema Motivation vgl. Seite 54 ff.). Nehmen Sie ihre Anregungen ernst, sorgen Sie für gute Arbeitsbedingungen.

Schwieriger wird es bei Mitarbeitern, die Ihnen bei aller Fachkompetenz ablehnend gegenüberstehen. Die Managementliteratur empfiehlt hier ebenso kühl wie praxisfern die rasche Trennung (vgl. etwa Koch 1999, S. 42 f.). Dagegen spricht: Sie werden in den seltensten Fällen auf Gegenliebe stoßen, wenn Sie Ihrem eigenen Vorgesetzten schon nach wenigen Wochen Versetzungen oder Entlassungen vorschlagen. Außerdem heilt auch hier die Zeit manche Wunde. Lassen Sie sich nicht provozieren, reagieren Sie sachlich auf Attacken. Ziehen Sie jedoch eindeutige Grenzen: Einen bestimmten Tonfall müssen Sie sich ebenso wenig bieten lassen wie ein Unterlaufen oder Ausbremsen Ihrer Vorgaben. Weichen Sie dem Konflikt nicht aus, sondern reden Sie Klartext (zu Konfliktgesprächen vgl. Seite 66 ff.).

Tappen Sie nicht in die Falle, sich im Wesentlichen auf die problemlosen »Jasager« zu stützen. Das demotiviert auf die Dauer die kritischen Köpfe in Ihrer Abteilung und bringt Sie selbst nicht weiter. »Erstklassige Chefs haben erstklassige Mitarbeiter, während zweitklassige Chefs sich am liebsten mit drittklassigen

Mitarbeitern umgeben.« – Wer immer dieses Bonmot geprägt hat, er kannte sich in der Firmenpraxis aus. Kreativität, Ideenreichtum, Engagement für die Sache und kritikloses Abnicken – das gibt es nicht im Doppelpack. Wenn Sie dagegen ein offenes, angstfreies Klima schaffen, trauen sich nach und nach auch vorsichtigere Charaktere aus der Deckung.

Tja, und jene Mitarbeiter, die Sie durch Unfähigkeit und Unwilligkeit gleichermaßen zur Verzweiflung treiben? Qualifizierungsmaßnahmen anbieten, eindeutige Vorgaben machen, Konfliktgespräche führen – wenn alle Strategien versagt haben, bleiben Ihnen in der Tat nur zwei Auswege: Entweder Sie arrangieren sich und sorgen primär für Schadensbegrenzung oder Sie fahren mit Abmahnungen und unter Einschaltung der Personalabteilung eine harte Linie bis zur Entlassung. Schon aus taktischen Gründen sollten Sie sich dazu allerdings der Rückendeckung Ihres Vorgesetzten versichern und außerdem über die arbeitsrechtlichen Hintergründe informiert sein.

Allzu menschlich

Beurteilungsfehler

Sie legen großen Wert auf korrekte Kleidung? Turnschuhe tragen Sie ausschließlich beim Joggen und Sweatshirts allenfalls bei der Gartenarbeit? Und ausgerechnet Sie »erben« einen Assistenten von Ihrem Vorgänger, der beides zur Berufskleidung erklärt hat. So jemand soll penibel kalkulieren und Projekte vorbereiten können? Unter einem zuverlässigen Mitarbeiter stellen Sie sich etwas anderes vor.

Nun, Sie werden zugeben, streng logisch hat das eine mit dem anderen nichts zu tun. Und dennoch, Beurteilungsfehler wie der gerade angesprochene sind nur allzu menschlich. Der so genannte Halo-Effekt, der Schluss von einem Merkmal (etwa lässiger Kleidung) auf andere Eigenschaften einer Person (etwa Unzuverlässigkeit, mangelnde Fachkompetenz), ist nur einer davon. Nicht hinter jeder hohen Stirn verbirgt sich ein hoher IQ, und dass teurer Anzug und Krawatte ein Indiz für Seriosität sind, haben zahlreiche Heiratsschwindler widerlegt.

Auch Sympathie und Antipathie drohen Ihr Urteil zu färben. Wenn eine Ihrer Mitarbeiterinnen wie Sie begeisterte Seglerin ist, macht sie das noch nicht zur besseren Controllerin; und wenn jemand Sie durch großspuriges Auftreten eher abschreckt, muss er deswegen kein schlechter Programmierer sein. Sicher eine Selbstverständlichkeit. Trotzdem schadet es nicht, sich solche Mechanismen bewusst zu machen, sonst schleichen sie sich durch die Hintertür wieder ein.

Weitere gängige Beurteilungsfehler haben Psychologen unter Begriffen wie »Mildefehler«, »Strengefehler« oder »Zentraltendenz« zusammengefasst: die Neigung, besonders wohlwollend oder übertrieben hart zu urteilen oder auch Extremurteile überhaupt zu vermeiden und sich immer hübsch am Durchschnitt entlangzuhangeln. Alle drei Neigungen widersprechen einer fairen Leistungsbeurteilung Ihrer Mitarbeiter.

Tipp Begrenzen können Sie Fehlurteile nur durch die disziplinierte Orientierung an Fakten – sprich am beobachtbaren Verhalten. Bevor Sie beispielsweise einen Mitarbeiter als »schlampig« brandmarken, sollte dies durch verschiedene konkrete Vorfälle belegt sein.

Schwieriger Rollenwechsel

Vom Kollegen zum Vorgesetzten

Eben noch Kollege, nun plötzlich Chef – manche Arbeitgeber betrachten einen solchen Aufstieg von vornherein mit Skepsis und greifen möglichst gleich auf externen Führungsnachwuchs zurück. Dabei birgt eine interne Beförderung auf den ersten Blick durchaus Vorteile: Der Insider hat sich als fähig erwiesen, er kennt das Arbeitsgebiet und kann seine zukünftigen Mitarbeiter und deren Kompetenzen einschätzen.
Gerade im Verhältnis zu den früheren Kollegen steckt allerdings erhebliches Konfliktpotenzial: Werden sie es akzeptieren, wenn einer aus der Herde plötzlich zum Leittier wird? Dass Gefühle im Berufsleben keine Rolle spielen, ist ohnehin ein Ammenmärchen, doch der Wechsel vom Kollegen zum Vorgesetzten sorgt für zusätzlichen Zündstoff. Wenn Sie der glückliche Aufsteiger sind, sollten Sie sich bei Ihren Exkollegen gefasst machen auf

- Neid und Missgunst (»Warum die und nicht ich??«; »Hat sich die Schleimerei endlich ausgezahlt!«);
- Rückzug und Verletztheit (»Du gehörst ja jetzt zur Gegenseite!«; »Hätte nie gedacht, dass du die Fronten wechselst!«);
- Anbiederei und Pochen auf alte Freundschaft (»Toll, dass Sie's geschafft haben. Jetzt wird doch sicher endlich die alte Überstundenregelung gekippt!«).

Wundern Sie sich also nicht, wenn nette Kollegen plötzlich auf Distanz gehen und das Abteilungskegeln ohne Sie stattfindet. Jede Führungskraft muss unabhängig von ihren formellen Befugnissen erst einmal in ihrer Führungsrolle akzeptiert werden;

und da an Ihnen noch die alte Mitarbeiterrolle klebt, verschärfen sich die Akzeptanzprobleme. Ihre Exkollegen brauchen in jedem Fall erst einmal ein wenig Zeit, um sich mit der neuen Situation anzufreunden. Verschlimmern Sie die Lage nicht unnötig, indem Sie in eine der folgenden Fallen tappen:

- Erst mal zeigen, wer jetzt Herr im Hause ist.
  Der Versuch, Skepsis und Widerstand quasi im Keim zu ersticken, indem Sie deutlich sagen, wie die Dinge ab jetzt zu laufen haben, löst Ihr Akzeptanzproblem nicht. Im Gegenteil: Sie liefern Neidern und Gegnern zusätzlichen Argumentationsstoff. Auch wenn die Versuchung groß ist, gleich am dritten Tag eine Sitzung einzuberufen, in der Sie die Leute auf ihre Plätze verweisen – lassen Sie es lieber bleiben.

- Vollmundige Ankündigungen nach dem Muster:
  »Jetzt wird alles besser«.
  Ebenso wenig Erfolg versprechend ist es, den Kollegen die bittere Pille durch ein paar Bonbons zu versüßen. »Ich werde erst einmal dafür sorgen, dass wir endlich neue PCs (neue Dienstwagen, ein zusätzliches Büro, eine Prämie …) bekommen.« Wenn Sie mit Ihrer Forderung weiter oben auf Granit beißen, wird man Sie in Ihrer Abteilung erst recht nicht ernst nehmen. Und wenn es klappt: Na prima, dann haben Sie womöglich binnen drei Wochen die nächsten Anliegen auf dem Tisch, für die Sie sich dann sicher auch einsetzen werden, oder?

- Ängstliche Versuche, weiterhin mit allen gut Freund zu sein.
  Halten Sie sich mit Versprechungen zurück, im persönlichen

Verhältnis zwischen Ihnen und den Mitarbeitern werde sich »nichts ändern«. Die erste ungeliebte Maßnahme (unvermeidbare Mehrarbeit, ein unpopulärer Beschluss der Geschäftsleitung, ...) wird nicht lange auf sich warten lassen. Spätestens dann sitzen Sie in der Klemme.

Was können Sie tun? Gehen Sie davon aus, dass Taten ohnehin schwerer wiegen als Lippenbekenntnisse. Stellen Sie Ihre Mitarbeiter nicht vor vollendete Tatsachen, sondern beziehen Sie sie in Entscheidungsprozesse mit ein. Statt überstürzt Neuerungen zu verkünden, sollten Sie in Ruhe überlegen, welche Änderungen Sie initiieren wollen, und Ihre Vorschläge dann in einer Abteilungssitzung zur Diskussion stellen. Bitten Sie offen um Unterstützung, setzen Sie auf Zusammenarbeit.

Wenn all das nichts nützt und einer Ihrer Exkollegen unbeirrt Stimmung gegen Sie macht – etwa weil er selbst auf Ihren Posten spekuliert hat –, hilft nur noch die Flucht nach vorn. Sprechen Sie sein Verhalten im persönlichen Gespräch direkt an. Ihr Gegenüber hat dann zwei Reaktionsmöglichkeiten: Entweder er macht einen Rückzieher (»Ich weiß gar nicht, was Sie meinen ...«) und ist in Zukunft vorsichtiger oder er lässt sich auf ein »reinigendes Gewitter« ein.

Tipp Manchmal hilft es, eine problematische Rollenbeziehung offen zum Thema zu machen, um die Situation zu klären. Tenor: Einem sei bewusst, dass sich mit der Leitung der Abteilung die Art der Zusammenarbeit ändern wird und dass es dem einen oder anderen gegen den Strich gehen mag, einen Kollegen vor die Nase gesetzt zu bekommen. Die Umstellung werde auch sicher nicht ganz reibungsfrei laufen. Trotzdem hoffe man auf Unterstützung ...

Legende oder Erfolgsfaktor?

Das Team

Ein Blick in den Stellenmarkt einer x-beliebigen Tageszeitung genügt: »Teamfähig«, so haben heute die meisten Mitarbeiter zu sein. Was sich dahinter verbirgt, bleibt offen. Die stereotype Wiederholung nährt jedoch den Verdacht, mit Teamfähigkeit sei oft nicht viel mehr gemeint als eine soziale Anpassungsfähigkeit, die lauteres Knirschen im Getriebe des bestehenden Mitarbeitergefüges verhindert. Wenn Sie als Führungskraft den Begriff vollends zur hohlen Phrase machen wollen, müssen Sie nur bei jeder sich bietenden Gelegenheit (zum Beispiel immer dann, wenn es tatsächlich einmal knirscht) den Teamgeist beschwören und ansonsten so weitermachen wie bisher.

Was also ist ein Team? Auf jeden Fall nicht jede x-beliebige Gruppe von Menschen, die zufällig in derselben Abteilung arbeiten, ohne sich die Augen auszukratzen. Ein Team lässt sich grob definieren als eine Gruppe von Mitarbeitern, die in *gegenseitiger* Abstimmung auf ein *gemeinsames* Ziel hinarbeiten. Jedes Teammitglied fühlt sich für den gemeinsamen Erfolg verantwortlich und bringt seine individuellen Fähigkeiten und Fertigkeiten ein. Die Amerikaner haben dies auf eine griffige Formel gebracht: Team steht für »**T**ogether **e**verybody **a**chieves **m**ore«. Nicht jeder kann alles gleich gut; wenn sich aber verschiedene »Spezialisten« zusammentun, ist das Ergebnis besser als alles, was Einzelne je hätten erreichen können – so das Ideal. In der Praxis verlangt Teamarbeit von den einzelnen Teammitgliedern jedoch viel Verantwortungsbewusstsein und soziale Kompetenz, sonst bewahrheitet sich nur allzu schnell eine alternative (typisch deutsche?) Deutung des Teambegriffs: »**T**oll, **e**in **a**nderer **m**acht's!«

Die anfängliche Teambegeisterung ist in der Managementliteratur inzwischen deutlich skeptischen Tönen gewichen.[15] Und die Praxis scheint dem Recht zu geben: In einer »Teamwork-Studie« der Universität Hamburg im Auftrag der Frankfurter Unternehmensberatung Strametz & Partner attestierten 74 % der Befragten ihren Chefs, sie motivierten das Team nicht, immerhin noch 53 % kritisierten die schlechte »Teamkomposition«.[16]

Was heißt das für Sie als frisch gebackene Führungskraft?

- Nicht bei jeder Aufgabenstellung sind Teams den Einzelkämpfern überlegen. Teamarbeit im eigentlichen Sinne (siehe oben!) ist dann viel versprechend, wenn für bestimmte Zeit das Know-how verschiedener Spezialisten gebündelt werden soll (etwa bei der Produktentwicklung). Klar abgrenzbare Fragestellungen und Aufgaben werden effektiver in Einzelarbeit gelöst.
- Nicht jedes Unternehmensumfeld eignet sich für die Installierung von Teams: Teams als dezentrale, selbst gesteuerte Einheiten widersprechen dem Grundgedanken streng hierarchischer Strukturen. In einem autoritär oder patriarchalisch geführten Unternehmen werden sie es schwer haben.
- Nicht jeder Vorgesetzte schafft es tatsächlich, die neutrale Rolle eines Moderators und Koordinators einzunehmen, die erfolgreiche Teamarbeit verlangt. Streng genommen ist »Teamführung« ein Widerspruch in sich, steht hinter dem Teamgedanken doch die Überzeugung eines demokratischen Zusammenwirkens gleichberechtigter Gruppenmitglieder. In der Praxis braucht ein funktionierendes Team aber präzise Vorgaben hinsichtlich Aufgabenstellung und Zeitplan und eine vermittelnde Instanz bei Teamkonflikten.[17]

- Nicht zwangsläufig bringt ein Team bessere Leistungen und trifft sicherere Entscheidungen. Auch das Gegenteil ist möglich, wenn in der Gruppe einer dem anderen die Verantwortung zuschiebt und kreative Abweichler, die die Teamharmonie stören, mundtot gemacht werden.

Zu einem gut funktionierenden Team sollten zudem nicht mehr als zehn bis zwölf Personen gehören. Abgesehen von den stabilen und äußerst effektiven Fertigungsteams der Automobilindustrie, der Wiege der Teameuphorie, haben sich in der Praxis vor allem zeitlich begrenzte – für zwei bis sechs Monate zusammentretende – Teams bewährt.

Mythos oder Wirklichkeit?

Motivation

Gäbe es eine Hitliste der beliebtesten Managementphrasen – »Motivation« wäre sicherlich geeignet, dem »Team« einen der vorderen Plätze streitig zu machen. So viel ist sicher: Wenn man Motivation grob als Leistungsbereitschaft definiert, brauchen Sie in jedem Fall »motivierte« Mitarbeiter. Wie Sie das gewährleisten, daran allerdings scheiden sich die Geister. Die nächstliegende Idee: Stellen Sie Belohnungen in Aussicht, dann werden sich Ihre Mitarbeiter schon anstrengen. Jahrzehntelang hat man so auf Prämien, Gehaltszulagen, Auslandstrips und immer spektakulärere »Incentives« gesetzt – mit mäßigem Erfolg, wie die anhaltende Motivationsdiskussion zeigt. Geld allein macht offensichtlich doch nicht glücklich – siehe das folgende Beispiel.

Fallbeispiel: *Im Zuge der Umstrukturierung in einem Sachbuchverlag wurde eine der Redaktionen von der Geschäftsleitung zum »Wachstumsbereich« erklärt. Konkret bedeutete das: Die von den Redakteuren zu betreuende Anzahl der Buchtitel wurde um ein Drittel erhöht. Für das Erreichen dieses Ziels binnen Halbjahresfrist stellte der Redaktionsleiter jedem eine Prämie in Höhe eines Monatsgehalts in Aussicht. Weitere Maßnahmen: die Aufstockung des Etats für freie Mitarbeiter zur externen Unterstützung sowie ein von der Redaktionsleitung entwickelter »Ablaufplan«, der die »Arbeitseffektivität« der einzelnen Mitarbeiter steigern sollte. Deren Reaktion allerdings bewegte sich zwischen Galgenhumor, Frust und blankem Zorn. Unmut entzündete sich vor allem an dem Ablaufplan: Ob man bisher denn nicht »effektiv« gewesen sei? Und ob man erfahrenen Mitarbeitern nicht zutraue, ihre Arbeit selber zu organisieren? Der finanzielle Anreiz wurde angesichts der von oben »diktierten« Vorgaben teils als Selbstverständlichkeit hingenommen, teils mit Achselzucken quittiert.*

Das ganze Verfahren erinnert ein wenig an den Bauern, der seinem Esel eine Möhre vor die Nase hält und hofft, dass das Tier so schneller laufen wird. Im Fachjargon spricht man von »extrinsischer« Motivation – ein Ansatz, der auf der Annahme fußt, Menschen seien nicht von sich aus leistungsbereit (»motiviert«), sondern müssten durch äußere Anreize – positive wie negative – in diesen Zustand versetzt werden. Insofern hat auch ein Vorgesetzter, der seinen Mitarbeiter anbrüllt: »Meier, wenn das nicht bis morgen erledigt ist, fliegen Sie!«, extrinsisch motiviert.

In einem viel beachteten Buch hat Reinhard K. Sprenger die übliche Praxis der Mitarbeitermotivation (die sprachlich präziser eigentlich »Motivierung« heißen sollte) als »Mythos« bezeichnet. Hintergrund: Extrinsische Motivation kann nur dann funktionieren, wenn die gebotenen Anreize tatsächlich den primären Bedürfnissen der Mitarbeiter entsprechen. Und dass die vorwiegend finanzieller Natur sind, darf bezweifelt werden: Umfragen ergeben immer wieder, dass persönlicher Freiraum, Erfolgserlebnisse und eine als sinnvoll empfundene Tätigkeit an erster Stelle rangieren, weit vor materiellen Überlegungen. In einer Befragung des *Handelsblattes* zum Thema »das Wichtigste am Beruf« beispielsweise antworteten von knapp 600 akademischen Nachwuchskräften 91 % »Arbeitsinhalte«, 87 % »Spaß an der Arbeit«, ebenso viele »Arbeitsklima«, 86 % »Verantwortung« und 83 % »Anerkennung der Leistung«. »Verdienstmöglichkeiten« folgen erst mit 63 %.[18]

Wer in seiner Arbeit jedoch eine Quelle von persönlicher Befriedigung, »Spaß« und Anerkennung sieht, den muss man gar nicht erst mühsam zum Jagen tragen – der ist eigentlich schon leistungsbereit (im Psychologenjargon: »intrinsisch motiviert«). Das Erfolgsrezept liegt dann nicht in zusätzlichen Leistungsanreizen, sondern darin, Rahmenbedingungen zu schaffen, in denen sich diese Leistungsbereitschaft entfalten kann. Anders gesagt: Es kommt hier vor allem darauf an, *De*motivation zu vermeiden.

Was demotiviert Menschen? Ein paar unfehlbare Tipps, wie Sie auch den Engagiertesten unter Ihren Mitarbeitern in die innere Kündigung treiben können:

- Treffen Sie Entscheidungen im stillen Kämmerlein und stellen Sie Ihre Mitarbeiter vor vollendete Tatsachen.
- Vermeiden Sie es vor allem peinlich, Zielvorgaben mit Ihren

Leuten gemeinsam zu entwickeln. Am besten, Sie reduzieren das Abteilungsziel auf eine Zahl (x% mehr Umsatz, Steigerung der Produktion um y%) und überraschen Ihre Mitarbeiter auf einem spontan anberaumten Meeting damit.

- Regt sich Widerstand, haben Sie immer noch die Wahl zwischen Zuckerbrot (»Es gibt auch 'ne Prämie!«) und Peitsche (»In der derzeitigen wirtschaftlichen Situation müssen sich eben alle nach der Decke strecken! Sonst kann ich für nichts mehr garantieren!«).
- Verschwenden Sie keine Zeit mit altmodischen Höflichkeiten. Freundlichkeit, ein respektvoller Umgang miteinander? Ihre Leute werden schließlich für ihre Arbeit bezahlt, basta! Nett können Sie immer noch sein, wenn Sie konkret etwas von einem Mitarbeiter wollen.
- Regulieren Sie die Arbeitsabläufe, so weit es eben geht. Erfreuen Sie Ihre Abteilung wöchentlich mit Formblättern, Checklisten, Arbeitsanweisungen und Vermerken ... Und selbst wenn bereits alle unter der Last bürokratischer Verfahren ächzen, bleiben Sie dabei: Das ist nur zu ihrem Besten und steigert ihre Effizienz ungemein.
- Delegieren Sie möglichst nur öde Routineaufgaben. Mit den interessanteren Dingen wollen Sie schließlich selbst glänzen. Sollte das nicht durchzuhalten sein, geben Sie wortreiche, aber auf keinen Fall eindeutige Erklärungen zur anstehenden Aufgabe und mäkeln Sie kräftig am Arbeitsergebnis herum.
- Wissen ist Macht, also seien Sie sparsam mit Informationen. Und wenn, geben Sie sie nur wohl dosiert an Einzelne weiter. Wenn Sie Glück haben, schüren Sie Rivalitäten und ziehen sich den einen oder anderen Verbündeten heran – frei nach dem Motto des »teile und herrsche«.

- Wenn Ihnen danach ist, rasten Sie ruhig einmal aus. Manche Ihrer Kollegen behaupten zwar, erwachsene Menschen ließen sich nur ungern anschreien, aber für solche Sensibelchen ist in Ihrer Abteilung ohnehin kein Platz.
- Geben Sie niemals einen Fehler zu. Als intelligenter Mensch sollten Sie doch in der Lage sein, einen überzeugenden Sündenbock unter Ihren Mitarbeitern zu finden?
- Seien Sie sparsam mit Feedback und Anerkennung – sonst werden die Leute am Ende noch übermütig. Außerdem reklamieren Sie Erfolge Ihrer Mitarbeiter am besten für sich. Schließlich wollen Sie Karriere machen, oder?!
- Krönen Sie das Ganze mit einem eindrucksvollen »Leitbild«. Sätze wie »Selbstverantwortung, Engagement, Menschlichkeit – unsere Devise!« oder »Gemeinsam zum Wohle aller!« sorgen für die nötige Heiterkeit im tristen Arbeitsalltag.

Was hier ironisch überspitzt wurde, ist so realitätsfern nicht – denken Sie nur an das Fallbeispiel zu Beginn. Fazit: Sie müssen gar nicht motivieren – es reicht völlig, wenn Sie *nicht de*motivieren. Das allein ist schwer genug, denn es setzt die Schaffung von Freiräumen in der täglichen Arbeit, das Einräumen von Selbstverantwortung und Mitsprache, ein Klima der Offenheit und des Vertrauens und nicht zuletzt Ihre persönliche Glaubwürdigkeit und Integrität voraus. Dass ordentliche Arbeit auch angemessen bezahlt wird, versteht sich dabei eigentlich von selbst. Und wenn alles andere nicht stimmt, werden Ihnen auch tolle Prämien nichts nützen – so (miss)verstanden wird Motivation (Motivierung!) tatsächlich zur »Krankheit, für deren Heilung sie sich hält« (Sprenger 2007, S. 7).

Hart, aber herzlos?

Mitarbeiter nicht loben

Persönliche Anerkennung steht auf der Wunschliste vieler Mitarbeiter ganz oben und ist – siehe letztes Kapitel – ein entscheidender Motivationsfaktor. Wo ein Wunsch ist, besteht in der Regel ein Mangel; und tatsächlich wird immer wieder geklagt, Vorgesetzte lobten zu wenig. Auf den ersten Blick verblüffend, denn während sich herumgesprochen hat, wie schwierig es ist, »konstruktiv« zu kritisieren, scheint das Loben relativ einfach. Der Schein trügt, wie der Blick in die Praxis zeigt.

Fallbeispiel 1: *Der Vorgesetzte bittet den Mitarbeiter zu einem Gespräch. »Herr Meier, Sie wissen, ich schätze Ihre Arbeit sehr. Wie Sie die Umstellung auf das neue EDV-System gemanagt haben – alle Achtung. Das hat mir bestätigt, dass ich wirklich auf Sie zählen kann. Ach übrigens, ich würde gern über die Internet-Plattform mit Ihnen sprechen …«*

Fallbeispiel 2: *In der monatlichen Abteilungssitzung. Die Quartalsumsätze sind vorgestellt worden; abschließend der Abteilungsleiter: »In diesem Zusammenhang möchte ich noch mal auf die hervorragende Leistung der Kollegin Schulze hinweisen. Obwohl das Reisegebiet Südost eines unserer schwierigsten ist, hat sie die Vorjahresumsätze halten können. Ich denke, wir sind uns alle einig, dass das nur ihrem außergewöhnlichen Einsatz und ihrer Kreativität zu verdanken ist.«*

Fallbeispiel 3: *Am Tag nach einer wichtigen Sitzung mit der Geschäftsleitung läuft Herr Müller seinem Chef über den Weg.*

Schulterklopfend verkündet der: »Mensch, Müller, Ihre Präsentation gestern – große Klasse. Das hätte ich selbst nicht besser gekonnt!«

Vielleicht hatte Sigmund Freud solche Situationen im Sinn, als er warnte: »Gegen Angriffe kann man sich wehren, gegen Lob ist man machtlos.« Dass einer der Adressaten glücklich mit seinem Lob ist, lässt sich jedenfalls bezweifeln. Wenn Herr Meier im ersten Beispiel nicht ganz und gar naiv ist, wird er den Braten riechen. Und richtig: Der Chef will mal wieder was von ihm. Loben als Instrument, um eine bittere Pille zu versüßen – ein ziemlich durchsichtiger Trick. Selbst Kündigungsgespräche beginnen oft mit einem Loblied auf die Verdienste des Betroffenen, der sich spätestens beim dritten Satz auf das Schlimmste gefasst macht.

Ob Frau Schulze sich in ihrem öffentlichen Lob sonnt? Wahrscheinlicher ist, dass es sie peinlich berührt, vor der Mannschaft zur Musterschülerin erklärt zu werden. Und selbst wenn Frau Schulze erfreut errötet: Leuchtende Beispiele als Ansporn funktionieren nicht einmal bei Sechsjährigen. Unterm Strich hat der Abteilungsleiter also bestenfalls eine Mitarbeiterin motiviert und den Rest der Mannschaft verärgert. Hier spielt schon mit, was im letzten Beispiel überdeutlich wird: das Lob als Führungsinstrument, das ganz nebenbei klarstellt, wer denn hier das Sagen hat.

Chefs loben ihre Mitarbeiter, Eltern ihre Kinder, Lehrer ihre Schüler – und nicht umgekehrt. Entsprechend gönnerhaft formuliert, bekommt jedes Lob so einen schalen Beigeschmack. »Das hätte ich selbst nicht besser gekonnt!« – da schwingt unausgesprochen mit: »… wo ich Ihnen doch sonst natürlich um Längen voraus bin«.

Auch »konstruktiv« zu loben ist folglich schwer. Vielleicht lassen manche Vorgesetzte es aus diesem Grund lieber gleich sein. Keine gute Lösung, denn gerade Mitarbeiter, die dauerhaft gute Leistung zeigen, werden frustriert, wenn die Anerkennung dafür ausbleibt oder – schlimmer noch – der Chef sich nur dann äußert, wenn einmal etwas *nicht* klappt. Fazit: Loben ja, aber

- nicht instrumentell, sondern absichtslos und ohne Verknüpfung mit einer Forderung, die das Lob zum Taschenspielertrick abwertet;
- nicht öffentlich, sondern unter vier Augen und ohne eine indirekte Abwertung aller nicht Gelobten;
- nicht von oben herab, sondern »ehrlichen Herzens« und als unzweideutige Würdigung einer überzeugenden Leistung. »Ihre Präsentation gestern hat die letzten Zweifel der Geschäftsleitung zerstreut. Ohne Ihre gute Aufbereitung wären wir nie so weit gekommen!«, klingt doch nicht schlecht, oder?

Vogel-Strauß-Politik?

Kritikgespräche

Es gibt Beschwerden von Kunden, Mitarbeiterin A. sei am Telefon »pampig«. Oder Mitarbeiter B. hält sich nicht an die »Abteilungsregel«, wichtige Absprachen brieflich zu fixieren. Jetzt droht ein Prozess, weil Kundenwort und Mitarbeiterwort gegeneinander stehen. Schwierige Situationen, in der man zwei Kardinalfehler begehen kann:

- *Fehler 1*: Ihnen platzt der Kragen. Sie sagen dem Mitarbeiter gründlich die Meinung. Motto: Manche Leute brauchen eben Druck. Ergebnis: Je nach Temperament schmollt der Mitarbeiter oder er geht auf Konfrontationskurs.
- *Fehler 2*: Sie zögern das Gespräch hinaus, weil Sie ungern kritisieren. Schließlich ringen Sie sich zu einer halbherzigen Ermahnung durch. Motto: Nur niemandem weh tun. Ergebnis: Alles bleibt wie bisher, weil der Mitarbeiter Sie nicht ernst nimmt.

Was macht Kritikgespräche eigentlich so schwierig? Theoretisch geht es häufig um relativ simple Sachfragen, die gelöst werden müssen: Frau A. soll sich um etwas mehr Freundlichkeit bemühen, Herr B. Absprachen schriftlich bestätigen. Faktisch verlagert sich das Gespräch in den allermeisten Fällen jedoch rasch auf eine andere, recht persönliche Ebene. Hauptursache dafür ist, wie Kritik normalerweise formuliert wird: »Frau A., Ihre Unfreundlichkeit – das muss sich ändern! Mit Ihrer abweisenden Art vergraulen Sie uns noch die Kunden!« oder »Herr B., ich habe Ihnen schon hundertmal gesagt, dass Sie Angebote brieflich bestätigen sollen! Jetzt haben wir den Salat.« Äußerungen wie diese haben gleich zwei Haken:

- Sie kritisieren nicht *konkrete* Sachverhalte, sondern greifen die Person pauschal an (Frau A. als unfreundlich, Herrn B. als schlampig);
- Sie rücken den Kritisierten in die Rolle eines unartigen Kindes, das sich abkanzeln lassen muss (wahrscheinlich haben Sie »das muss sich ändern« oder »schon hundertmal gesagt« zuletzt auch von Eltern oder Lehrern gehört).

Der Effekt ist vorhersehbar: Wer pauschal angegriffen wird, geht instinktiv in Verteidigungsstellung und schlägt zurück; wer von oben herab getadelt wird, reagiert mit Trotz oder weinerlichem Rückzug: »... sehe ich überhaupt nicht ein«, »... manche Kunden sollten selber mal freundlicher sein ...«, »... wie soll man bei der Hektik hier noch jede Kleinigkeit dokumentieren?« usw.

Die zweite Ursache, warum Kritikgespräche grundsätzlich heikel sind: Selbst sachlich formulierte Kritik nehmen wir alle schnell als Angriff auf unser Selbstwertgefühl – oder wie reagieren Sie selbst, wenn Ihnen jemand etwa sagt: »Also, ich finde, in der Sitzung gestern hast du unsere Interessen nicht optimal vertreten, weil ...«? Die eigentliche Sachfrage rückt beim Kritisieren also mit schöner Regelmäßigkeit in den Hintergrund. Der Ausweg aus diesem Dilemma? Psychologen raten dazu, Kritik zeitnah, sachbezogen und verpackt in »Ich-Botschaften« zu äußern.

Zeitnah bedeutet, nicht etwa bis zum Jahresgespräch (vgl. Seite 72 ff. *Mitarbeitergespräche*) zu warten und dort eine Generalabrechnung zu präsentieren: Sie sind so gezwungen, Vorfälle aufzutischen, an die sich der Mitarbeiter womöglich gar nicht mehr genau erinnert. Man kann dann herrlich darüber streiten, ob das »tatsächlich so war«.

Sachbezogen heißt, dass Sie konkrete Ereignisse in den Vordergrund rücken. Sprechen Sie die Vorkommnisse, die Ihren Ärger ausgelöst haben, direkt an; verkneifen Sie sich Kommentare zur Person.

Die *Ich-Botschaft* betrifft Ihre Bewertung des ganzen Geschehens. Indem Sie das stereotype »Sie sind (unordentlich, unzuverlässig ...)« durch »Ich finde ...« ersetzen, kommt Ihre Kritik nicht mehr automatisch als quasi-elterlicher Tadel an.

Fallbeispiel 2: *In der Praxis könnte das Kritikgespräch dann so aussehen:*
Chef: »*Frau A., ich hatte im letzten Monat drei Kundenbeschwerden, in denen es darum geht, Sie seien am Telefon kurz angebunden und unfreundlich gewesen.*«
Frau A.: »*Ich kann mir schon denken, wer das war. Manche Kunden sollten selber erst mal freundlicher sein, bevor sie rummeckern!*«
Chef: »*Sie sollen grußlos den Hörer aufgelegt und in einem Fall auf eine Rückfrage geantwortet haben, das müsse der Kunde schon selber wissen.*«
Frau A. (ausweichend): »*Na ja, manche Leute rauben einem wirklich den letzten Nerv …*«
Chef: »*Ich kann mir vorstellen, dass manche Kunden anstrengend sind. Trotzdem mache ich mir Sorgen, dass auf diese Weise Umsätze wegbrechen. Gerade zurzeit brauchen wir jeden Kunden.*«
Frau A. (abwartend): »*Mmh.*«
Chef: »*Frau A., ich zähle auf Sie: Geben Sie sich auch bei Problemkunden einen Ruck. Freundlichkeit gehört einfach zum Standard, unser Service muss einwandfrei sein.*«
Frau A. (reserviert): »*Schon gut, schon gut, ich versuch's.*«

Begeistert ist die Mitarbeiterin auch hier nicht. Durch den Dreischritt
a) konkretes Verhalten ansprechen
b) eigene Bewertung ausdrücken (Ich-Botschaft)
c) Verhaltenserwartung präzise formulieren
wird jedoch die übliche Spirale von Vorwürfen und Rechtfertigungen vermieden, die normalerweise mit der wachsenden

Verärgerung aller endet. Im Beispiel bleibt der Vorgesetzte eng an der Sache, verzichtet auf generalisierende Kommentare zur Person und formuliert seine Erwartung an Frau A. dennoch unmissverständlich.

Warum wertende »Ich-Botschaften« (»Ich mache mir Sorgen über ...«; »Ich finde dieses Verhalten nicht in Ordnung ...«) meist erfolgversprechender sind als die üblichen »Du-Botschaften« (»Du bist schlampig!«; »Sie sind unfreundlich!«), hat der Unternehmensberater Thomas Gordon in seinem bekannten Buch »Managerkonferenz« überzeugend erklärt:

- Ich-Botschaften vermeiden erstens den erhobenen Zeigefinger, auf den nahezu jeder allergisch reagiert;
- zweitens mildern sie die Dominanz, die man immer dann herauskehrt, wenn man jemandem erklärt, wie »er ist«; und
- drittens verlagern sie das Schwergewicht von einer Anweisung auf einen Hilfsappell – und der ist tendenziell aussichtsreicher (Gordon 2003, S. 107 ff.).

Zugegeben: Dieses Verfahren wird nicht in jedem Einzelfall erfolgreich sein – an dem einen oder anderen dickhäutigeren Mitarbeiter mögen all Ihre schönen Ich-Botschaften abprallen, bis Sie stärkere Geschütze auffahren und ultimativ anweisen. Im Regelfall aber stehen Ihre Chancen nicht schlecht.

Am Ernstfall Kritikgespräch lässt sich schließlich noch eine weitere Konstante menschlicher Kommunikation ablesen: Neben Sachinformationen werden immer und überall auch Beziehungsbotschaften ausgetauscht. »Sie sind schlampig!« wird allenfalls ein Roboter rein sachlich als »negative Einstufung der Kapazitäten im ordnungstechnischen Bereich« einstufen – ein

Mensch hört gleichzeitig (und vorwiegend!): Der mag mich nicht. Der hält mich für unfähig. Der maßt sich an, mich zu deckeln usw. Auch »Tag, Herr B. Sie sehen ja erholt aus! Wie war's denn im Urlaub?« ist nur in dritter oder vierter Hinsicht eine Informationsfrage. Die Beziehungsbotschaft lautet: Ich nehme Sie wahr. Ich interessiere mich für Sie. Schön, dass Sie wieder da sind.

Auch wenn es im Berufsleben vermeintlich immer um die Sache geht: Die Sachebene gleicht in Wahrheit der Spitze eines Eisbergs – unter der Oberfläche lauern die oft weit wichtigeren, unausgesprochenen Beziehungsbotschaften. Und wenn es auf der Beziehungsebene nicht stimmt, nützen Ihnen die schönsten Sachargumente herzlich wenig. Ist das Klima erst einmal dauerhaft gestört, wird Ihr Gesprächspartner noch hinter dem überzeugendsten Vorschlag eine Finte entdecken können. Das erweist sich auch und gerade beim Thema des folgenden Kapitels, nämlich in Konfliktsituationen.

Sieger und Verlierer?

Konfliktgespräche

Stellen Sie sich folgende Situation vor: Man hat Ihnen eine zusätzliche Stelle für das Auslandsgeschäft bewilligt. Unter den Bewerbern ist ein Kandidat, Herr Wagner, der zweisprachig aufwuchs und daher perfekt Spanisch spricht. Auch die in der Ausschreibung eigentlich geforderten Französischkenntnisse besitzt er. Seine übrigen Qualifikationen sind ebenfalls überzeugend, und so sehen Sie unerwartet eine einmalige Chance, die geplante

Offensive auf dem spanischen Markt zu optimieren. Sie stellen Herrn Wagner ein. Allerdings müssen die Verkaufsgebiete jetzt neu aufgeteilt werden. Frau Moos, die bislang für Spanien und Portugal zuständig war, soll Spanien abgeben und sich stattdessen mit um Frankreich kümmern – den Bereich, für den die Stelle ursprünglich ausgeschrieben war. Frau Moos weigert sich: Schließlich habe sie sich sehr engagiert und lerne seit Jahren in Eigeninitiative Spanisch.

Der Konflikt ist perfekt: Geben Sie Frau Moos nach und weisen Herrn Wagner ausschreibungskonform Frankreich zu, verschenken Sie eine Chance. Außerdem wird Herr Wagner sich auf die Dauer fragen, wieso ausgerechnet Spanien von einer Kollegin betreut wird, die nur leidlich Spanisch spricht. Bleiben Sie hart und bestehen auf einer Neuaufteilung der Gebiete, belasten Sie die Zusammenarbeit mit einer langjährigen Mitarbeiterin. Wie beweisen Sie in einer solchen Situation die viel beschworene »Konfliktfähigkeit«?

Eine private Umfrage unter jungen Führungskräften ergab: Die meisten würden Frau Moos »freundlich, aber bestimmt« die »Sachlage« erläutern. Lenke sie nicht ein, könne man ihr vielleicht Französischkurse anbieten. Ansonsten bleibe es dabei: Spanien gehe an Herrn Wagner. Als »konfliktfähig« erweise man sich eben, indem man die resultierenden Spannungen aushalte.

Damit wird schon deutlich: Jeder Konflikt hat zwei Seiten. Da ist einmal die Sachfrage, die es zu lösen gilt – verschiedene Interessen kollidieren miteinander. Da ist zum anderen der zwischenmenschliche Aspekt – wer wird sich durchsetzen, wer den Kürzeren ziehen? Wer wird »siegen«, wer »verlieren«? »Gewinnt« Frau Moos, stehen Sie womöglich als schwacher Vorgesetzter da, bleiben Sie hart, fühlt sich Frau Moos schikaniert. Einer von

Ihnen beiden verliert das Gesicht. Nur sehr vordergründig sind die vielen Konflikte daher sachliche Auseinandersetzungen, oft genug mündet die strittige Sachfrage in einen kaum verhohlenen Machtkampf. Das zu verhindern, würde wahre »Konfliktfähigkeit« beweisen.

Wie schafft man das? Voraussetzung ist zunächst Ihre Bereitschaft, aus dem Machtspiel auszusteigen. Auch wenn die folgende Aussage derzeit wenig populär ist: Sie als Vorgesetzter haben Macht – Macht im ganz traditionellen Sinne als »Chance innerhalb einer sozialen Beziehung, den eigenen Willen auch gegen Widerstreben durchzusetzen« (Max Weber).[19] Weil das so drastisch klingt, spricht man in Personalfragen lieber von der »Weisungsbefugnis«. Eine autoritäre Führungskraft wird in einer Konfliktsituation wie der oben geschilderten von ihrer Macht Gebrauch machen und so eine schnelle Entscheidung herbeiführen. Wie Mitarbeiter auf diese Art der Dominanz reagieren, war schon im Kapitel *Führungsstile* (Seite 18 ff.) Thema: mit Trotz, Rückzug oder schweigender Anpassung. Viel Engagement könnte man von Frau Moos in diesem Fall wahrscheinlich nicht mehr erwarten – oder nehmen Sie ernsthaft an, dass sie den französischen Markt mit Verve angehen würde? Auch die Zusammenarbeit mit dem neuen Kollegen wäre von vornherein belastet. Ein Pyrrhussieg also.

Der einzige – zugegeben schwierige – Ausweg besteht darin, eine einvernehmliche Lösung herbeizuführen. Dieses Modell der Konfliktbehandlung wird allgemein als »Win-win-Strategie« oder auch als »Jeder-gewinnt-Methode« bezeichnet. Es setzt die Bereitschaft beider Seiten zu einem offenen Dialog und zur gemeinsamen Suche nach einer akzeptablen Lösung voraus. Dabei haben sich die folgenden Schritte der Problemlösung bewährt:

1. Definieren des Problems
2. Sammeln von Lösungsvorschlägen
3. Bewerten der möglichen Lösungen
4. Einvernehmliches (!) Entscheiden für einen der Lösungsvorschläge
5. Umsetzen der gewählten Lösung
6. Bewerten der Umsetzung

Konkret müssten Sie als Vorgesetzter Frau Moos also zu einem Gespräch bitten, dessen Ausgang noch nicht von vornherein feststeht, sondern dessen Ziel ein Konsens ist. Die einzelnen Gesprächsphasen wären dann:

1. *Problemdefinition:* Sie möchten, dass Frau Moos den spanischen Markt abgibt und stattdessen Frankreich betreut, damit Sie die Sprachkenntnisse des neuen Mitarbeiters optimal einsetzen können. Frau Moos will ihren Bereich behalten. Vermeiden Sie Wertungen, fassen Sie das Problem möglichst nüchtern zusammen.

2. *Lösungsvorschläge:* Tragen Sie gemeinsam mit Frau Moos die Alternativen zusammen. Denkbar sind:
   a) Frau Moos behält ihr Gebiet; Herr Wagner übernimmt Frankreich.
   b) Frau Moos bekommt Frankreich zugeteilt; Herr Wagner übernimmt Spanien.
   c) Frau Moos und Herr Wagner teilen Frankreich und Spanien nach Regionen unter sich auf. Sie bilden ein Team, das sich fortlaufend abstimmen muss.

d) Frau Moos und Herr Wagner teilen Frankreich und Spanien nach Kundengrößen unter sich auf, wieder als Team.
e) Frau Moos akzeptiert Frankreich. Zur Vorbereitung erhält sie während der regulären Arbeitszeit ein Intensivtraining Französisch. Außerdem begleitet sie den verantwortlichen Außendienstmitarbeiter zwei Wochen lang zu wichtigen französischen Kunden, um den Markt kennen zu lernen. Sie und Herr Wagner werden sich zukünftig gegenseitig vertreten, sodass sie ihre Spanischkenntnisse weiter einsetzen kann.
f) ???
Auch in dieser Phase sollten Sie nicht voreilig werten; sammeln Sie gemeinsam denkbare Lösungen.

3. *Lösungsbewertung:* Welche Vor- und Nachteile bieten die einzelnen Lösungen? Sortieren Sie die Lösungen aus, die sich bei näherer Betrachtung als nicht praktikabel erweisen oder die für einen der Beteiligten gänzlich inakzeptabel sind. Im Beispiel werden dies die Vorschläge a) und b) sein.

4. *Entscheidungsfindung:* Grenzen Sie den Vorschlag ein, mit dem beide Seiten am besten leben können. Im konkreten Fall könnten dies c), d) oder e) sein. Wichtig ist, dass tatsächlich eine einvernehmliche Lösung gefunden wird. Hat sich die Diskussion festgefahren, verordnen Sie sich lieber eine Denkpause statt auf Biegen und Brechen zu entscheiden.

5. *Umsetzung:* Treffen Sie Vereinbarungen für die konkrete Umsetzung der Entscheidung. Was soll wie bis wann passieren? (Wie erfolgt die Aufteilung der Kunden? Ab wann greift sie? usw.)

6. *Bewertung:* Vereinbaren Sie zumindest bei weit reichenden Entscheidungen einen weiteren Gesprächstermin. Hat sich die Lösung bewährt? Im Beispiel könnte dies auch ein Dreiergespräch zusammen mit Herrn Wagner sein.

Dieses Verfahren ist zweifellos mühsamer als eine einsame Entscheidung, mittelfristig jedoch erfolgversprechender: Ein Beschluss, der gemeinsam entwickelt und von allen Seiten getragen wird, hat größere Umsetzungschancen als ein Dekret »von oben«.

Außer im Zweiergespräch kann man diese Lösungsstrategie natürlich auch in größeren Gruppen einsetzen. Sie wird allerdings nur funktionieren, wenn Ihr Kommunikationsverhalten zur Win-win-Strategie passt: Drohungen oder Druck führen das ganze Verfahren ad absurdum. Nehmen Sie Bedenken ernst (siehe auch den Abschnitt zum »aktiven Zuhören« auf Seite 36 f.) und vermeiden Sie auch subtilere Formen von Dominanz (etwa Suggestivfragen wie »Sie sind doch sicher auch der Meinung, dass …?« oder Killerphrasen wie »Das kann doch nicht funktionieren!«). Operieren Sie stattdessen mit Ich-Botschaften (vgl. voriges Kapitel); damit schaffen Sie am ehesten Raum für einen offenen Austausch.

Tipp Versuchen Sie, eine gelassenere, professionelle Einstellung zu Konflikten zu entwickeln. Probleme zu lösen ist eine Ihrer Kernaufgaben; und wo verschiedene Menschen kooperieren (müssen), sind Konflikte unausweichlich. Wer behauptet, in der eigenen Abteilung gäbe es keine, kehrt wahrscheinlich nur energischer unter den Teppich. Nicht die Konflikte an sich, sondern die Art, in der sie gelöst werden, ist entscheidend für Ihren Führungserfolg.

Leeres Ritual?

Mitarbeitergespräche

Laut *Handelsblatt* schlägt in den meisten Unternehmen einmal jährlich die »Stunde der Wahrheit« für Mitarbeiter und Vorgesetzte – dann nämlich, wenn beide sich zum Mitarbeitergespräch zusammensetzen.[20] Die Grundidee: Abseits vom hektischen Tagesgeschäft einmal in Ruhe über Erreichtes und nicht Erreichtes, Ziele für das kommende Jahr und Entwicklungsmöglichkeiten des Mitarbeiters zu sprechen. In manchen Firmen ist daher auch von »Zielegesprächen« oder »Jahresgesprächen« die Rede. Dahinter steht – neben der Erkenntnis, dass Feedback im Alltag oft zu kurz kommt – der Ansatz des Führens durch Zielvereinbarungen (»Management by Objectives« / MbO).

Klar formulierte Ziele bieten Orientierung und Ansporn, so die Theorie. In der Praxis jedoch verkommt das Gespräch leicht zum lustlos absolvierten Ritual: Es soll Mitarbeiter geben, die lieber zum Zahnarzt gehen als ins Jahresgespräch, und auch mancher Chef hält das Ganze ebenfalls für Tinnef. Schade eigentlich, denn für Sie als Vorgesetzten bietet das Gespräch die Chance,

- ➔ den Fahrplan für das kommende Jahr einvernehmlich mit dem Mitarbeiter festzulegen und damit den Grundstein für gute Arbeitsergebnisse zu legen,
- ➔ Entwicklungsmöglichkeiten abzustimmen und so gute Mitarbeiter an sich zu binden,
- ➔ ein Feedback zum eigenen Führungsverhalten zu bekommen und damit auch persönlich vom Gespräch zu profitieren.

Gleichzeitig sollen natürlich auch kritische Punkte angesprochen werden: Wo sind Verbesserungsmöglichkeiten? Was hat im letzten Jahr nicht geklappt? Dies mag eine Ursache für das verbreitete Unbehagen sein, denn Kritik zu üben ist zugegebenermaßen heikel (vgl. Seite 61 ff. *Kritikgespräche*). Wenn Sie das Jahresgespräch optimal einsetzen wollen, sollten Sie sich daher nicht in folgenden Fallstricken verheddern:

Fehler 1: Sie machen das Gespräch zu einer Generalabrechnung über das letzte Jahr und überraschen Ihren Mitarbeiter mit einer Reihe von Einzelvorfällen. »Im März haben wir durch Ihre Nachlässigkeit einen wichtigen Kunden verloren …« – Das hätten Sie im März ansprechen sollen! Jahresgespräche sind kein Ersatz für regelmäßiges Feedback. Hauptthema hier ist die Orientierung für das kommende Jahr. Erfahrungen der letzten zwölf Monate gehen hier natürlich ein, stehen aber nicht im Mittelpunkt.

Fehler 2: Sie formulieren gleich einleitend, was Sie zukünftig vom Mitarbeiter erwarten. »Ausgehend von unseren Abteilungszielen sehe ich für das nächste Jahr bei Ihnen …« – Zielvorstellungen sollen gemeinsam entwickelt, nicht diktiert werden. »Zielerlasse« führen den Grundgedanken der Jahresgespräche, den offenen und möglichst gleichberechtigten Austausch, ad absurdum. Selbstbestimmung und Mitwirkung der Mitarbeiter dagegen sind wichtige Motivationsfaktoren (vgl. hierzu Seite 54 ff. *Motivation*).

Fehler 3: Sie halten das Gespräch in Ihrem Büro ab, signalisieren Zeitdruck und tolerieren Störungen durch das Telefon oder Besucher. – Damit werten Sie das Gespräch in den Augen des Mitarbeiters ab und senden eine eindeutige Beziehungsbotschaft: »So wichtig ist mir das Ganze (sind Sie mir) nun auch nicht, dass ich mein Tagesgeschäft ruhen lassen könnte!« Es dürfte Sie nicht wundern, wenn der Mitarbeiter den Termin dann ebenfalls als ungeliebte Pflichtveranstaltung absolviert.

Tipp Sorgen Sie für die richtigen Rahmenbedingungen. Nehmen Sie sich zwei bis drei Stunden Zeit. Ideal ist ein Nachmittagstermin, der das Gesprächsende offen lässt. Reservieren Sie einen Raum, in dem der Mitarbeiter und Sie ungestört sind, und schalten Sie Ihr Handy aus. Bombendrohungen oder Feueralarm werden Sie auch ohne mitbekommen; alles andere muss warten.

Ein »offenes« und »gleichberechtigtes« Gespräch zu führen wird Ihnen natürlich umso leichter fallen, je besser Ihr Verhältnis zu dem jeweiligen Mitarbeiter ohnehin ist. Im Jahresgespräch selbst fördern Sie den Austausch am besten dadurch, dass Sie sich mit eigenen Statements zurückhalten und dem Mitarbeiter selbst Gelegenheit zur Darstellung geben. Fragen Sie ihn einleitend nach seiner eigenen Einschätzung des letzten Jahres, hören Sie »aktiv« zu (paraphrasieren Sie, stellen Sie Rückfragen, vgl. Seite 36 ff.), vermeiden Sie Pauschalurteile über die Person (»Sie sind eben zu gewissenhaft!«). Im Vordergrund stehen Arbeitsabläufe und Zielsetzungen, nicht tatsächliche oder vermeintliche Charaktereigenschaften.

Für den konkreten Inhalt des Gespräches gibt es in den meisten Unternehmen einen Leitfaden der Personalabteilung, der Mitarbeitern wie Führungskräften ausgehändigt wird. Beide Seiten können sich so auf das Gespräch einstellen; überdies gewährleistet ein solches Merkblatt, dass alles Wichtige behandelt wird. Grundsätzlich zerfällt ein Mitarbeitergespräch in drei Phasen:

Phase 1: Rückblick auf das vergangene Jahr
Wie hat sich die Zusammenarbeit gestaltet? Gibt es Reibungspunkte, über die gesprochen werden sollte? Was war positiv? Haben sich die vereinbarten Ziele in der Praxis bewährt? Was wurde erreicht, was nicht? Was waren die Gründe? Was lässt sich aus den Erfahrungen für die Zukunft ableiten? Bereiten Sie sich mithilfe des Protokolls vom letzten Jahr auf das Gespräch vor.

Phase 2: Gemeinsame Erarbeitung künftiger Ziele
Hier werden in der Regel Unternehmens- und Abteilungsziele heruntergebrochen. Die Gefahr dabei: Man verstrickt sich in Formulierungsfragen und vernachlässigt die nötige Konkretheit. Sinnvolle Ziele müssen präzise (messbar!) sein, also zeitlich und auch inhaltlich fixiert. »Neugestaltung der Homepage unter den Gesichtspunkten A, B und C bis zum …« wäre ein sinnvolles Ziel, »Optimierung des Internetauftrittes« ist dagegen zu vage. Zweite Gefahr: Der Mitarbeiter fühlt sich überfahren, die »Gemeinsamkeit« der Zielformulierung bleibt ein frommer Wunsch. Bremsen Sie sich daher und geben Sie Ihrem Gesprächspartner genügend Raum. Wichtig: Die formulierten Ziele müssen prinzipiell erreichbar sein. Im Regelfall wird man gemeinsam mehrere, unterschiedlich ehrgeizige Ziele formulieren.

Phase 3: Festlegen konkreter Maßnahmen zur Zielsetzung
Hier geht es nicht nur um technische und organisatorische Fragen, sondern daneben auch um den Weiterbildungsbedarf des Mitarbeiters.

Neben der Zielformulierung bilden grundsätzliche Fragen der Zusammenarbeit zwischen Mitarbeiter und Führungskraft sowie Karriereperspektiven und Entwicklungsmöglichkeiten des Mitarbeiters weitere Schwerpunkte, abschließend oft auch die Gehaltsfrage. Fühlt der Mitarbeiter sich ausreichend informiert? Hat er konkrete Wünsche an Ihr Führungsverhalten (etwa was Delegation, Selbstständigkeit, Rückmeldung angeht)? Kann er seine Qualifikationen gut einsetzen? Braucht er weitere? Welche Entwicklungsmöglichkeiten sieht er für sich? – Das sind nur einige Beispiele für wichtige Fragen. Formulieren Sie Ihre eigenen Einschätzungen – auch negative –, blocken Sie selbst aber auch Kritik nicht ab (vgl. Seite 61 ff. *Kritikgespräche*). Traut sich ein Mitarbeiter aus der Deckung, sollten Sie das als Vertrauensbeweis werten und entsprechend reagieren!

Entscheidender Erfolgsfaktor

Persönliche Integrität

In den letzten dreizehn Kapiteln haben wir uns intensiv mit dem Thema Mitarbeiterführung beschäftigt. In der Theorie hörte sich das ganz gut an, aber in der Praxis haben Sie Zweifel? Die Skepsis ist nicht unberechtigt: Es wird immer wieder Situationen geben, in denen kooperative Strategien versagen, und auch solche, in denen Sie selbst trotz aller guten Vorsätze nicht optimal reagieren. Platt, aber wahr: Nobody's perfect. Die nahe liegende Konsequenz aus dieser Binsenweisheit: Dann tun Sie am besten auch nicht so, als ob Sie es wären! »Authentisch und ehrlich bleiben«, lautet ein Tipp, den erfahrene Führungskräfte im Rahmen einer

Umfrage für den Nachwuchs hatten – »heben Sie Ihre Stärken hervor, ohne zu versuchen, Ihre Schwächen zu verbergen«.[21]

Dazu gehört unter anderem das Zugeben von Fehlern – nach einer Studie der Harvard Business School einer der zehn wichtigsten Erfolgsfaktoren der Führung.[22] Auch wenn die Chefrolle traditionell Souveränität und Überlegenheit verlangt – verwechseln Sie das nicht mit der Maske des Alleskönners. Sie fürchten den Autoritätsverlust? Normalerweise bekommen Ihre Mitarbeiter ohnehin mit, wenn sich beispielsweise eine Ihrer Entscheidungen in der Praxis nicht bewährt. Ihre persönliche Autorität wird eher leiden, wenn Sie unverdrossen so tun, als ob alles in Ordnung sei, oder die Schuld an der Misere sogar bei anderen suchen. Und sich bei einem Mitarbeiter für eine verbale Entgleisung zu entschuldigen ist allemal souveräner, als die getrübte Arbeitsatmosphäre achselzuckend hinzunehmen.

Die ganze Kunst der Menschenführung bestehe darin, »seine Untergebenen so zu behandeln, wie man selbst von seinen Vorgesetzten behandelt werden möchte«, soll Nixon einmal gesagt haben. Gleichgültig, ob man diesen Politiker als moralische Autorität akzeptiert oder nicht, als grobe Verhaltensrichtschnur jenseits aller Managementmoden und theoretischen Konzepte eignet sich seine Maxime recht gut: Man braucht nicht lange zu grübeln, um jene Verhaltensweisen zu lokalisieren, die die Zusammenarbeit mit einem Vorgesetzten positiv gestalten. Neben Fachkompetenz kommen einem Aufrichtigkeit, Eindeutigkeit im Reden und Tun, Stehen zu eigenen Fehlern, Gradlinigkeit in den Sinn – kurz: persönliche Integrität. »Integrität« statt Perfektionismus also – das könnte eine gute Basis sein, oder?

Sägegeräusche & Fallgruben? – Ihre Kollegen und Vorgesetzten

Fataler Irrtum

Hoffen auf die Schonfrist

In der Politik gewähren Medien und Opposition Neulingen nach Amtsantritt eine Galgenfrist von 100 Tagen, bevor tatsächliche oder vermeintliche Schwächen schonungslos kritisiert werden. Machen Sie sich darauf gefasst, dass man mit Ihnen nicht so pfleglich umgeht. Auch wenn es Ihnen geht wie den meisten Führungsneulingen – 60 % der Nachwuchskräfte fühlen sich durch ihren Arbeitgeber »gar nicht oder nur wenig« auf die neue Herausforderung vorbereitet[23] –, Rücksicht darauf wird kaum jemand nehmen. Die Luft werde nach oben dünner, warnt der Volksmund; Personalfachleute werden da schon etwas konkreter: »Vergessen Sie niemals, dass sich vor allem in den Führungs- und Managementriegen genau die Menschen sammeln, die besonders kämpferisch und eroberungswillig sind« (Kellner 1999, S. 92).

In der Praxis heißt das: Sie werden wahrscheinlich ins kalte Wasser geworfen, und der Rest der Mannschaft steht am Beckenrand und beobachtet interessiert, ob Sie den Freischwimmer schaffen. Ein paar aufmunternde Worte können Sie am ehesten noch vom Bademeister erwarten, sprich von Ihrem eigenen Vorgesetzten, der für Ihre Einstellung plädierte und daher selbst ein Interesse daran hat, dass Sie es packen.

Der Erfolgsdruck ist also groß, und damit auch die Versuchung, sich möglichst schnell zu beweisen – sei es, indem Sie Ihre Abteilung umkrempeln und Arbeitsabläufe schon in den ersten Wochen umorganisieren, sei es, indem Sie auf Sitzungen mit neuen Konzepten zu glänzen versuchen. Wenn Sie Pech haben, bringen Sie damit Ihre Mitarbeiter gegen sich auf, produzieren erst einmal Chaos und holen sich in Sitzungen eine blutige Nase: »Unser junger Kollege hat sichtlich noch wenig Erfahrung. Ich denke, wir sollten diesen Vorschlag ad acta legen.« – so oder ähnlich wurde schon mancher ausgehebelt, womöglich noch verbunden mit dem gönnerhaften Hinweis, sich doch vielleicht erst einmal mit XY zu beschäftigen oder mit der Aktenlage zum Thema Z vertraut zu machen.

Konzentrieren Sie sich also am besten erst einmal auf den Freischwimmer, bevor Sie sich im Kunstschwimmen versuchen: Lernen Sie Ihre Mitarbeiter kennen (vgl. Seite 42 ff. *Kennen Sie Ihre Mitarbeiter?*), arbeiten Sie sich zielstrebig in Ihr neues Aufgabengebiet ein (vgl. Seite 100 ff. *Ihre Sachaufgaben*) und machen Sie sich vorsichtig mit den Machtstrukturen und Entscheidungsmechanismen im Unternehmen vertraut (vgl. die folgenden Kapitel).

Tipp Neben ausführlichen Gesprächen mit Ihren Mitarbeitern sollten in den ersten Wochen Informationsgespräche mit Kollegen anderer Abteilungen auf Ihrem Programm stehen – und zwar umso vorrangiger, je unmittelbarer und umfassender die Zusammenarbeit ist. Fragen Sie nach bisherigen Abläufen und Problemen, nach Einschätzungen und Wünschen für die Zukunft. Hören Sie aufmerksam zu, lassen Sie sich aber nicht zu voreiligen Absichtsbekundungen oder Zusagen hinreißen. Noch können Sie weder überblicken, welches Interesse Ihr Gesprächspartner möglicherweise verfolgt, noch was sachlich geboten und überhaupt umsetzbar ist.

Durch solche Gespräche, die Teilnahme an Meetings, gründliches Studium von Unterlagen und Projektakten, die Auseinandersetzung mit Sachfragen wird sich das Bild Ihres Aufgabenbereiches Stück für Stück runden. Wenn Sie das Glück haben, von Ihrem Vorgänger eine tüchtige Sekretärin zu übernehmen, nutzen Sie diese Chance: Hier kann jemand kompetent Auskunft geben, wie bestimmte Dinge bislang gehandhabt wurden (und warum). Sicher werden Sie über kurz oder lang etliches ändern, aber dazu sollten Sie erst einmal die Ausgangsbasis kennen. Versäumen Sie das, machen Sie sich nicht nur als notorischer Besserwisser unbeliebt, Sie gehen außerdem ein erhöhtes Risiko von Fehlentscheidungen ein. Der Zeithorizont für erste Neuerungen hängt natürlich vom Umfeld und von der Situation ab. Einen groben Anhaltspunkt gibt eine Studie der Harvard Business School, der zufolge erfolgreiche Führungseinsteiger erst nach drei bis sechs Monaten mit Veränderungen beginnen.[24]

Summa summarum heißt das: Sie müssen sich von Anfang an ins Zeug legen, und zwar mit dem Ziel, möglichst rasch festen Boden unter den Füßen zu bekommen. Mangelndes Engagement wird man Ihnen nicht verzeihen (die langen Arbeitszeiten Ihrer meisten Führungskollegen sprechen für sich), voreiliges Vorpreschen und eine Häufung damit verbundener Patzer ebenso wenig.

Vorsicht, glitschig!

Das politisch-soziale Parkett

Im Einstellungsgespräch, spätestens aber bei Stellenantritt hat man Ihnen ein Organigramm ausgehändigt. Hübsch in Kästchen sortiert und säuberlich nach Hierarchieebenen getrennt, können Sie dort ablesen, wer für was zuständig ist und wer wie viel zu sagen hat. Wunderbar, damit kennen Sie zumindest die eine Hälfte der Wahrheit. Um die andere Hälfte kennen zu lernen, werden Sie Monate, wenn nicht länger, brauchen. Ein »Gespür für Machtpolitik« nennt Rainer Zimmek, Chef einer Düsseldorfer Personalberatungsfirma, als zentrale Anforderung an Führungskräfte[25], und der Psychologe und Personalfachmann Claus Peter Müller-Thurau unterstreicht: »Ein Unternehmen ist ein hoch politisches Gebilde« (Müller-Thurau 1999, S. 131).

Wer hat tatsächlich das Sagen? Wessen Wort gilt etwas, wessen Äußerungen werden dagegen kaum ernst genommen? Wer gilt als viel versprechender Hoffnungsträger? Wer sitzt bereits auf einem absteigenden Ast? Wer kann mit wem? Wer hasst wen? Wer hat einen guten Draht zur Geschäftsleitung? Wer nicht? Wer verfolgt welche strategischen Ziele? Auf wessen Kosten ginge deren Verwirklichung? Welche Allianzen werden dazu gebildet? – Das unternehmensinterne Beziehungsgeflecht ist alles andere als leicht zu durchschauen.

Einige Beispiele aus der Praxis schärfen vielleicht den Blick: Da gibt es den langjährigen Geschäftsführer, dem das Organigramm zwar noch eine Schlüsselposition zugesteht, den der Firmeninhaber realiter aber nur noch aus alter Freundschaft die restlichen zwei, drei Jahre bis zur Pensionierung im Unternehmen hält. Bei Schlüsselentscheidungen hat längst die Stimme des

20 Jahre jüngeren Marketingleiters das entscheidende Gewicht. Oder da gibt es die Seilschaft zwischen Vertriebsleitung und dem Produktmanagement A – eine alte Männerfreundschaft, die dem für die Produktlinie B zuständigen Manager das Leben schwer macht (aus rein »sachlichen«, »wirtschaftlichen« Überlegungen heraus, versteht sich). Da gibt es den Gruppenleiter X, der als lasch und unorganisiert gilt und wahrscheinlich der nächsten Umstrukturierung zum Opfer fallen wird. Gruppenleiterin Z dagegen glänzt in jeder Sitzung mit neuen Ideen und wichtigen »Impulsen« und wird als zukünftige Abteilungsleiterin gehandelt. Ihr Pech, wenn Sie es sich bereits mit Z verdorben haben und mit »Loser« X regelmäßig in der Kantine gesichtet wurden.

Tipp Meetings sind der ideale Ort, um die Machtspiele Ihrer Mitstreiter live zu beobachten. Wie sind die Redebeiträge verteilt? Wessen Wort wird aufmerksam gehört, wessen Beitrag mehr oder weniger geduldig ertragen? Wer beharkt sich regelmäßig? Wer zeigt Initiative, wer bleibt eher blass im Hintergrund? Wie reagieren anwesende Vorgesetzte? Fahren Sie Ihre Antennen aus und entwickeln Sie ein Ohr für Zwischentöne.

Achten Sie auch darauf, welchen Abteilungen im Unternehmen besonderer Einfluss eingeräumt wird. Hätschelt der Firmenboss die Entwicklungsabteilung, die er als wichtige Ideenschmiede betrachtet, oder signalisiert er mehr oder minder offen, diese pseudokreativen Umstandskrämer könnten froh sein, dass das Marketing den richtigen Biss hat? Ist Letzteres der Fall, nützt Ihnen ein guter Draht zum Entwicklungsleiter wenig, während Sie sich mit dem Marketingleiter besser gut stellen sollten (auch wenn Sie schneidige BWLer gar nicht mögen).

Tipp Seien Sie nicht zu offenherzig und arglos und hüten Sie sich vor voreiligen Allianzen. Sonst müssen Sie am Ende des ersten Jahres womöglich feststellen, dass Sie auf das falsche Pferd gesetzt haben. Freundlich, höflich, distanziert – nach dieser Maxime fahren Sie in den meisten Fällen am besten. Kumpelhafte Nähe zu ausgewählten Kollegen empfiehlt Sie nicht unbedingt für Höheres, man wird Ihnen womöglich die gewünschte kühle Sachorientierung nicht mehr zutrauen. Bleiben Sie also beim »Sie« – es sei denn, Ihr Unternehmen praktiziert ein streng hierarchiegebundenes Duzen (alle Mitglieder einer bestimmten Ebene duzen sich prinzipiell, auch das gibt es). Dann sagt das »Du« ohnehin nichts mehr über persönliche Nähe aus.

Rechnen Sie also damit, dass innerhalb der Führungsmannschaft mit etwas härteren Bandagen gekämpft wird, als Sie es bisher gewöhnt waren. Kommt noch großer wirtschaftlicher Druck hinzu, entwickelt sich manche Führungsetage zum wahren Haifischbecken: Längst ist das Management nicht mehr von Rationalisierungsmaßnahmen ausgeschlossen; in vielen Unternehmen jagt eine Umstrukturierung die nächste; die Zeiten geradliniger Aufstiege sind vorbei, und wer es mit 40 noch nicht geschafft hat, muss um seine Karriere fürchten. Was das in der Praxis bedeuten kann, zeigt das folgende Beispiel.

Fallbeispiel: *Nach einer Referententätigkeit bei einem Verband wechselte Monika S., promovierte Chemikerin, als technische Leiterin für Fotopapiere zu einem Großunternehmen. Offiziell hatte ihr Vorgänger sich aus eigenem Antrieb konzernintern verändert; tatsächlich stellte sich das nach ihrem Stellenantritt als eine Art Strafversetzung infolge sinkender Umsätze heraus.*

Entsprechend lustlos fiel seine dreiwöchige Einarbeitung von Monika S. aus. Gleichzeitig wurde der kaufmännische Leiter für Fotopapiere, der bisher dem technischen Leiter unterstellt gewesen war, befördert – technische Leiterin und kaufmännischer Leiter sollten die unterstellten Mitarbeiter ab sofort »gemeinsam« führen. Dies führte zu einem monatelangen Gerangel um die eigentliche Macht in der Gruppe: Der kaufmännische Leiter witterte offensichtlich eine Karrierechance und versuchte die lästige Konkurrentin auszubooten. Seine Mittel: Anzweifeln ihrer Kompetenz gegenüber den Mitarbeitern, Vorenthalten von Informationen, Unterlaufen jeglicher Kooperationsangebote, die eine oder andere »gut gemeinte« Bemerkung gegenüber den eigenen Vorgesetzten. Nur dank starker Nerven, kompetenter Arbeit und einiger taktischer Fehler ihres »Gegners« überstand Monika S. die Probezeit. Der kaufmännische Leiter verließ nach einem Jahr das Unternehmen und wurde prompt durch einen ebenso ehrgeizigen Nachfolger ersetzt. Das Spiel begann von Neuem … Im Nachhinein erkannte Monika S. in dieser Vorgehensweise eine wohl überlegte Strategie: Wer sich durchbiss, galt in der Firma als belastbar und empfahl sich für weitere Aufgaben, wer scheiterte, schaute sich besser nach neuen Möglichkeiten um.

Nicht ohne Grund zählen Personalberater heute »Wettbewerbsorientierung« und eine positiv verstandene »Aggressivität« zu den Voraussetzungen für den Führungserfolg: Das eigene Terrain muss oft genug gegen firmeninterne Konkurrenten verteidigt werden. Auch die Frage, wer auf Ihre Position scharf war (oder sein könnte), lohnt daher mehr als eine kurze Überlegung. Nichts für zart besaitete Naturen? Genau so ist es!

Anpassung versäumt?

Unternehmensumfeld und Unternehmenskultur

Sich auf dem glatten Firmenparkett sicher zu bewegen, ist also nicht einfach, wird Ihnen aber umso leichter fallen, je aufmerksamer Sie Ihr Umfeld beobachten. Das beginnt bei ganz banalen Überlegungen: Je nach wirtschaftlicher Situation und Branche werden die Anforderungen und Erwartungen an Sie als neue Führungskraft stark variieren. Sucht man jemanden, der »hart durchgreift und den Laden auf Vordermann bringt«, oder einen umsichtigen Teamleiter, der die hoch qualifizierten Fachleute seiner Abteilung behutsam koordiniert? Steigen Sie in ein rasant wachsendes IT-Unternehmen ein, in dem sich erst langsam Strukturen etablieren, in einen großen Konzern mit vorgezeichneten Karriereschritten und einem engmaschigen Netz von Abhängigkeiten oder in ein traditionelles Familienunternehmen? Wie stark Sie Ihre Ellenbogen ausfahren müssen, ob Sie eher als belastbarer Improvisator, als entschlossener Krisenmanager oder als teamorientierter Koordinator gefragt sind, macht einen großen Unterschied. Ob sich die Unternehmenserwartungen mit Ihren Vorstellungen zur Deckung bringen lassen, haben Sie hoffentlich schon im Auswahlverfahren gemerkt.[26]

Auch die »Unternehmenskultur« beeinflusst, ob Sie zum Unternehmen »passen« oder nicht. Unternehmenskultur klingt nebulös, und in der Tat ist sie nicht so leicht festzumachen. Vereinfacht ausgedrückt, geht es um die Frage, welche Werte im Betrieb als wichtig betrachtet werden und wie sich das im tatsächlichen Verhalten der Firmenangehörigen niederschlägt. Vielleicht haben Sie im Vorfeld schon ein Papier in die Hand gedrückt bekommen, das mit »Leitbild« oder auch »Wer wir sind« überschrieben ist. Im besten Fall handelt es sich dabei um eine schriftliche Fixierung dessen, was im Unternehmen auch gelebt wird – also der Unternehmenskultur; im schlimmsten Fall haben Sie eine Anhäufung hohler Phrasen vor sich, an die nicht einmal diejenigen glauben, die sie verbrochen haben.

Elemente einer Unternehmenskultur sind: Stellenwert der Mitarbeiter und Führungsstil, Ausprägung hierarchischer Strukturen, Grad der Innovationsfreudigkeit und Kundenorientierung, Chancengleichheit und Leistungsorientierung. Indizien für eine gelebte Kultur sind zum Beispiel: Umgangston (förmlich / freundlich), Informationspolitik (restriktiv / offen), Arbeitsklima (lustlos / engagiert, von Konkurrenzdenken geprägt / kooperativ). Wie Rundschreiben an die Belegschaft formuliert sind oder wer wen im Hause grüßt (bzw. nicht grüßt), kann hier ungeheuer aussagekräftig sein – und die Unterschiede von Unternehmen zu Unternehmen sind beträchtlich.

Fallbeispiel: *Susanne S. wechselte aus der Presseabteilung eines Verlags als Leiterin Medien/PR in die Weiterbildungsabteilung eines Konzernbetriebs, der sich mitten in einer Umstrukturierungsphase befand. Während sie aus dem Verlag ein Klima der Offenheit und Kooperation gewöhnt war, herrschten hier Förmlichkeit, Dienstwegmentalität, Sorge um den Arbeitsplatz, Demotivation. Vermerke ihres eigenen Vorgesetzten waren schroff formuliert (»Da sich hier niemand zuständig fühlt, sehe ich mich gezwungen …«; »Ich gehe davon aus, dass … Andernfalls …«); die Zusammenarbeit mit anderen Abteilungen erwies sich als äußerst zäh, da sich offensichtlich niemand an eigene Zusagen gebunden fühlte. Im Rückblick hält sie es für* *ihren größten Fehler, selbst zu offen und freundlich aufgetreten zu sein: »Ich musste erst lernen, energisch zu werden und notfalls auch mit unangenehmen Konsequenzen zu drohen. Kollegen gegenüber auch mal eine Schwäche (Sorge, Unkenntnis) zuzugeben, erwies sich als fatal. Das wurde gnadenlos ausgenutzt.«*

»Stimmt« die Unternehmenskultur, fällt die Anpassung leicht; stimmt sie nicht, befinden Sie sich in einem Dilemma: Sie müssen bis zu einem gewissen Grad mitschwimmen, selbst wenn Ihnen das gegen den Strich geht (siehe das Fallbeispiel). Als Einzelkämpfer gegen die »Kultur« des ganzen Unternehmens stehen Sie auf verlorenem Posten.

Eigenlob stinkt?

Marketing in eigener Sache

Wie weit man es mit guter Selbstvermarktung bringen kann, haben Generationen von Hochstaplern bewiesen. Aber auch in Politik und Business gehört geschickte Imagepflege zum Handwerk. So wurde im amerikanischen Vorwahlkampf 1999/2000 süffisant kolportiert, der demokratische Kandidat Al Gore habe sich von einer bekannten Journalistin für einen Stundensatz von 500 Dollar beibringen lassen, wie man sich als »Alpha-Tier« benehme, um nicht länger als blasser Langweiler dazustehen. Und der *Spiegel* meldet, eine von einer hochrangigen Jury zur »Entrepreneurin des Jahres« gekürte Münchener Jungunternehmerin schmücke sich mit dem Doktortitel einer US-Universität, die in keinem Verzeichnis zu finden sei, sei älter als angegeben und beschäftige statt wie behauptet 65 Mitarbeiter »weniger als zehn« (*Spiegel* 23/2000, S. 75).

Sie sollen hier weder zu teuren Trainings noch zum Schwindeln verführt werden – dennoch: Wenn Sie Erfolg haben wollen, gehört »Klappern« zu Ihrem Handwerk. Oder sind Sie immer noch der Meinung, Kompetenz werde sich schon durchsetzen? Karriereexperten behaupten inzwischen, ganze zehn Prozent des beruflichen Erfolges seien auf Können zurückzuführen, die restlichen 90 Prozent auf Image, Außenwirkung, Selbstdarstellung.

Neu ist diese Erkenntnis offensichtlich nicht: »Um es in der Welt zu etwas zu bringen, muss man tun, als habe man es zu etwas gebracht«, stellte der französische Schriftsteller François de La Rochefoucauld schon im 17. Jahrhundert fest. Die Umsetzung beginnt bei ganz banalen Dingen wie der Kleidung. »Dress for success«, empfiehlt man in den USA. Orientieren Sie sich am Stil der Topleute im Unternehmen, kleiden Sie sich im Zweifelsfall also lieber eine Spur eleganter als zu leger. Tennissocken oder billiger Modeschmuck sind ab jetzt tabu. Bevor man Ihre unbestreitbaren inneren Werte erkannt hat, setzen Sie so ein Signal der Zugehörigkeit und dokumentieren Ihre Ambitionen.

Fallbeispiel: *Ein Familienunternehmen wurde nach der Übernahme durch einen Konzern von einem stromlinienförmigen, teuer gekleideten Managementteam geleitet. Die Mitarbeiter verfolgten in den nächsten Monaten interessiert das Kleidungsverhalten der verbliebenen zweiten Führungsebene: Treue zum geliebten Tweedjackett oder Investition in einen Boss-Anzug? Verfechter der zweiten Strategie »überlebten« den Führungswechsel weit häufiger.*

Zufall? Wahrscheinlicher ist, dass das neue Outfit als zuverlässiges Anpassungssignal fungierte und mit weiteren erwünschten Eigenschaften korrelierte. Unterschätzen Sie daher die Wirkung von Äußerlichkeiten nicht (vgl. auch Seite 90 ff. *Statussymbole*).

Treten Sie als erfolgreicher Macher auf, dann werden Sie auch Erfolg haben – so etwa könnte man La Rochefoucauld ins 21. Jahrhundert übersetzen. Dazu gehören neben Kleidung auch die »richtige« Körpersprache und die Sprache. Dynamischer Gang, aufrechte Haltung, keine Scheu vor Blickkontakt, kräftiger Händedruck – hört sich an wie die Ermahnungen Ihrer Großmutter? Mag sein, aber machen Sie die Probe aufs Exempel: Wie viele Ihrer Führungskollegen schlurfen durch die Gänge, lassen die Schultern hängen und haben einen Händedruck wie ein toter Fisch? Auch Ihre Wortbeiträge in Meetings und Telefonaten sollten Selbstbewusstsein und Souveränität ausstrahlen. Äußern Sie sich knapp, klar und prägnant, bringen Sie die Dinge auf den Punkt. Weichen Sie Ihren Standpunkt nicht durch Floskeln und vorsichtige Einleitungen auf. »Ich würde dazu gerne noch etwas anmerken. Ich denke, diesen Umsatzrückgang könnte man eventuell auf ... zurückführen ...« versus »Zum Umsatzrückgang: Die Ursache ist ...« – Welcher Sprecher wirkt überzeugender auf Sie?

Für die Vermarktung Ihrer Sacharbeit gilt das alte PR-Motto: »Tue Gutes – und rede darüber!«. Wer mit seiner Abteilung brav vor sich hin schafft und alle Ziele erreicht, qualifiziert sich damit noch nicht zum Hoffnungsträger. Sorgen Sie dafür, dass dieser Erfolg auch wahrgenommen wird. Dazu müssen Sie in den sauren Apfel beißen und jene zahllosen Meetings besuchen, in denen »sachlich« unterm Strich oft wenig herauskommt, in denen man aber prima Sätze fallen lassen kann wie »Dieses Problem konnten wir erfolgreich lösen. Wir haben erreicht, dass ...«; »Im Reisegebiet Südost haben wir eine überaus erfreuliche Entwicklung. Wir führen das zurück auf ...«; »Es ist uns gelungen, X als Kunden zu gewinnen. Damit haben wir in der Region Y den Fuß in der Tür.« Außerdem können Sie natürlich mit kompetenten Anregungen und »Impulsen« glänzen, weil Sie nicht zu den Leuten gehören, die keinen blassen Schimmer haben, um was es heute wieder gehen soll, und daher die ersten zehn Minuten des Meetings mit dem Protokoll vom letzten Mal oder mit dem Blättern in irgendwelchen Unterlagen verbringen. In manchen Sitzungen haben Sie überdies die Chance, den eigentlichen »Entscheidern« oder »großen Tieren« im Unternehmen aufzufallen. »Karrieren werden oben entschieden« – dieser Spruch zählt zu den ehernen Business-Weisheiten. Wenn man gar nicht weiß, wer Sie sind, kann man sich bei zukünftigen Personalentscheidungen auch nicht an Sie erinnern.

Terrain besetzen

Statussymbole

Fallbeispiel: *Der Firmenchef von Understatement & Co. hat Sie zu einem Gespräch eingeladen – Sie haben schließlich einen wichtigen Auftrag zu vergeben. Der Pförtner weist Ihnen den Weg in ein Büro im Erdgeschoss, am Ende eines verwinkelten Flures. Ein bisschen dunkel ist es dort (das einzige kleine Fenster weist auf einen tristen Innenhof), aber Mister Understatement empfängt Sie freundlich und bittet Sie, in der Sitzgruppe Platz zu nehmen. Das Modell kommt Ihnen bekannt vor, viel-*

leicht aus dem bekannten schwedischen Möbelhaus, mit dessen preiswerten Angeboten Sie Ihre Studentenbude eingerichtet haben? – »Darf ich Ihnen einen Kaffee anbieten?« Er darf, und während er das Nötige veranlasst, sehen Sie sich ein bisschen um. Kunststoffregale, ein unempfindlicher Nadelfilz auf dem Boden, an den Wänden einige Firmenposter, das Leitbild des Unternehmens (»Wir setzen auf innere Werte!«) und ein Kalender mit Werbeaufdruck.

Und mit diesem Mann wollen Sie Geschäfte machen? Geben Sie es zu: Diese Frage hätte sich Ihnen unweigerlich gestellt, bevor auch nur zwei Sätze zur Sache gewechselt worden wären. Mister Understatement nimmt man die Rolle der erfolgreichen Führungskraft irgendwie nicht ab. Wären Sie dagegen von einer verbindlich lächelnden Sekretärin in ein geräumiges Büro im obersten Stock gelotst worden, wo Sie nicht nur der Blick auf die Skyline, sondern auch ein teures Mobiliar nebst Designercouch erwarteten, hätte Sie das in geschäftlicher Hinsicht schon viel optimistischer gestimmt.

Das fiktive Beispiel überzeugt vielleicht auch die Skeptiker unter Ihnen: Statussymbole sind wichtig. Wichtig für Ihre Selbstdarstellung, für Ihre Außenwirkung, dafür, dass man Ihnen die Führungsrolle abnimmt. Wer das Sagen hat, muss das auch nach außen dokumentieren. Nicht umsonst gibt es in Unternehmen ungeschriebene oder »offizielle« Regeln zu

- Bürogrößen (Gretchenfrage: Wie viele Fenster?)
- Büroeinrichtung (Standard oder individuell gestaltet, Sitzgruppe ja/nein, zweckmäßiger Bürostuhl oder »Chefsessel« in Leder?),

- reservierten Parkplätzen (ja / nein, Nähe zum Haupteingang) oder
- Dienstwagen (ja / nein, Größe und Modell).

Auch wenn Sie selbst keinen Wert darauf legen, müssen Sie zur Kenntnis nehmen, dass Menschen instinktiv auf solche Signale von Macht und Einfluss reagieren. Schon um sich gegenüber Ihren Führungskollegen zu behaupten, müssen Sie den Umgang mit Statussymbolen lernen und sollten keinesfalls darauf verzichten. Machen Sie kein großes Aufhebens darum – dann gelten Sie womöglich als profilgeil –, aber reklamieren Sie ganz selbstverständlich für sich, was Ihnen Ihrem Rang entsprechend zusteht, egal ob Handy, Laptop oder Dienstreisen erster Klasse.

Keine Hausmacht?

Networking vernachlässigen

Was noch vor zehn Jahren abschätzig »Vitamin B« genannt wurde, hat inzwischen als »Networking« eine steile Karriere gemacht. Seit sich herumgesprochen hat, dass beispielsweise die Mehrzahl offener Stellen nicht über Ausschreibungen, sondern durch persönliche Kontakte besetzt wird, haben viele den Wert von Berufsverbänden, Netzwerken, Alumni-Clubs und auch informelleren Bekanntschaften für das berufliche Fortkommen erkannt. Kontakte innerhalb Ihrer Branche und darüber hinaus bleiben natürlich auch nach Stellenantritt wichtig für Sie. Dennoch: Außerhalb des Firmentors kontaktfreudiger Netzwerker und drinnen einsamer Einzelkämpfer? – das passt nicht zusammen. Ein paar Argumente für firmeninternes Networking:

- Wer immer den Dienstweg gehen muss, kommt nur mühsam vorwärts.
  Beispiel: *Sie brauchen dringend außer der Reihe ein paar Statistiken – möglichst sofort. Auf eine »offizielle« Anfrage an das Controlling kriegen Sie die Antwort: »Frühestens übermorgen.« Wie gut, dass Sie den zuständigen Teamleiter anrufen und ihn bitten können, das Nötige zu veranlassen.*

- Wer sich ausschließlich auf sein eigenes Know-how verlassen kann, steht oft im Regen. Denn: Die meisten Ausbildungen bringen Spezialisten hervor; gleichzeitig werden die beruflichen Anforderungen immer breiter.
  Beispiel: *Sie verantworten plötzlich den Aufbau einer Datenbank, hatten bislang mit EDV aber wenig am Hut. Bevor Sie sich aus dem Fenster lehnen, gehen Sie mit dem Leiter EDV-Support mal zum Mittagessen.*

- Wer nur halbherzig mit anderen Abteilungen kooperiert, verschenkt Erfolge.
  Beispiel: *Sie sind für einen bestimmten Produktbereich zuständig. Zwischen Produktion und Marketing gibt es die üblichen Reibereien. Wäre doch schön, wenn man sich vor der nächsten Produkteinführung schon frühzeitig austauschte, statt sich hinterher gegenseitig die Schuld zuzuschieben, wenn die Kampagne nicht so läuft wie erhofft.*

→ Wer auf strategische Allianzen verzichtet, wird manches Vorhaben nicht durchsetzen können. Gerade wenn es um Neuerungen geht, können Sie Verbündete brauchen.
Beispiel: *Ihr Unternehmen hat immer noch keinen Internetauftritt; der Firmenchef hält das für sekundär. Ihre Chancen als PR-Beauftragter, den Anschluss an die Neuzeit zu schaffen, steigen beträchtlich, wenn Vertrieb und Personal Ihnen aufgrund eigener »Web-Interessen« in der entscheidenden Sitzung Schützenhilfe geben.*

Sie können also davon profitieren, wenn Sie gute Kontakte zu Kollegen anderer Abteilungen pflegen. Allerdings: Networking lebt vom Nehmen und Geben. Auf die Dauer werden Sie nur Erfolg haben, wenn Sie selbst auch ein »nützlicher Kontakt« sind. Und: Effektive Vernetzung bedeutet den Austausch von Knowhow, sachlichen Informationen, persönlichen Einschätzungen – nicht das Klüngeln mit Tratsch und Vertraulichem oder Machtspiele und die Etablierung von Seilschaften. Ob Sie sich auf dieses Glatteis begeben wollen, ist letztlich eine Charakterfrage, die jeder für sich beantworten muss. Gerade Neueinsteigern im Unternehmen kann man hier nur zu äußerster Vorsicht raten, da sie noch nicht alle Hintergründe durchschauen.

Tipp Nutzen Sie abteilungsübergreifende AGs, Sitzungspausen, gemeinsame Fortbildungen oder auch Empfänge und Jubiläumsfeiern zum Knüpfen von Kontakten. Offen auf andere zugehen, Interesse zeigen, zuhören können – meist braucht es gar nicht so viel, um ins Gespräch zu kommen. »Ihre Anzeigenkampagne für XY fand ich sehr gelungen. Sie haben eine neue Agentur beauftragt, oder?«; »Haben Sie gesehen, im Internet gibt es jetzt ... Wäre das vielleicht nützlich für Sie?« Und: Ein tragfähiges Netzwerk ist firmenumspannend und nicht strikt an eine Hierarchieebene gebunden.

Bleibt die Frage, wie Sie im keineswegs immer fairen firmeninternen Wettbewerb erkennen, mit wem ein offener Austausch möglich ist. Geduld, genaue Beobachtung und vorsichtige Kooperationsangebote sind ein Rezept. Wer sich in Sitzungen dauernd auf Kosten anderer zu profilieren sucht, ist ebenso wenig ein geeigneter Partner wie jene Spezies, die lächelnd dankt, aber immer »gerade keine Zeit« oder »davon keine Ahnung« hat, wenn sie selbst gefragt ist. Zu solchen Leuten pflegen Sie am besten höfliche Distanz und zeigen im Ernstfall auch einmal die Zähne.

Pyrrhussiege

Wie Sie sich Feinde schaffen

Erinnern Sie sich noch, wie Sie einmal in der Schule Ihren Lieblingsfeind so richtig verdroschen haben? Oder wie Sie den Klassenprimus haben auflaufen lassen, weil Sie doch einmal ein bisschen mehr wussten als er? Dann erinnern Sie sich wahrscheinlich auch noch, wie die Geschichte weiterging. Der Primus ließ Sie in der nächsten Matheklausur nicht abschreiben, und Ihr Intimfeind erwartete Sie einige Tage später mit Verstärkung. Dieser Mechanismus ist nicht auf Schulkinder beschränkt, er funktioniert bis in die Vorstandsetagen.

Gute Verlierer sind selten, und ganz schlimm wird es, wenn Sie dafür gesorgt haben, dass Ihr Kontrahent das Gesicht verliert.

Mit ziemlicher Sicherheit wird er auf Rache sinnen – das ist er schon seiner Selbstachtung schuldig. Wenn Sie etwa auf der nächsten Außendiensttagung dafür sorgen, dass jeder – vom Geschäftsführer bis zur Protokoll führenden Praktikantin – mitbekommt, dass Ihr Abteilungsleiterkollege Meier seine Zahlen nicht parat hat, sollten Sie darauf gefasst sein, dass Meier nun alles daransetzt, Ihnen ebenfalls einen Fehler nachzuweisen. Und selbst wenn ihm das nicht gelingt (auf die Dauer eher unwahrscheinlich, oder?): Vielleicht lassen sich ja ein paar Gerüchte über Ihre Reisekosten, Ihr Verhältnis zum Alkohol oder zum anderen Geschlecht streuen …

Trotzdem müssen Sie sich im firmeninternen Wettbewerb natürlich behaupten. Hart in der Sache, fair im Umgang, heißt der Ausweg. Gesichtsverlust des »Gegners« droht immer dann,

- wenn Sie gezielt vor Dritten Fehler »aufdecken«,
- wenn Sie sich auf unfaire Gesprächstaktiken stützen – zum Beispiel auf »Killerphrasen« (»Das hat doch schon vor 20 Jahren nicht funktioniert!«), auf persönliche Angriffe (»Sie haben wohl Ihre Termine nicht im Griff?«), auf Lächerlichmachen (»Ah, wunderbar, jetzt hat selbst Herr Meier das Internet entdeckt!«) oder auf das Bestreiten der Fachkompetenz (»Ich glaube kaum, dass Sie mit der Methode x genügend Erfahrung haben, um das beurteilen zu können.«),
- wenn Sie »Siege« auskosten und jede Gelegenheit nutzen, an das Versagen anderer zu erinnern (»Das war doch in dem Jahr, als Meier vergessen hatte, den Messestand zu buchen, ha ha!«).

Besser fahren Sie dagegen,

- wenn Sie konsequent sachlich bleiben (»Gegen dieses Argument spricht ...«; »Da bin ich anderer Meinung. Wir sollten auch berücksichtigen, dass ...«),
- wenn Sie persönliche Angriffe vermeiden (siehe auch Seite 61 ff. *Kritikgespräche* und Seite 66 ff. *Konfliktgespräche*),
- wenn Sie den ersten Schritt tun und auf Kontrahenten zugehen, falls es einmal hoch hergegangen ist – sei es durch ein klärendes Gespräch oder auch nur durch eine versöhnliche Bemerkung. Sie müssen dazu keineswegs in der Sache einlenken – hier geht es ausschließlich um »atmosphärische« Fragen (die »Beziehungsebene«, wie die Psychologen sagen).

Der Boss vom Boss

Umgang mit dem eigenen Chef

Nicht genug, dass Sie sich in Ihrer neuen Position mit Ihren Mitarbeitern zusammenraufen müssen: Da gibt es ja auch noch den eigenen Vorgesetzten mit seinen Ansprüchen und Erwartungen. In den ersten Wochen und Monaten werden Sie wahrscheinlich nicht gerade unter einem Mangel an Problemen leiden, deshalb sollten Sie hier keine weitere Front eröffnen. Im Gegenteil: Ihr Chef ist der beste Kandidat für einen Verbündeten. Schließlich hat er Sie mit ausgewählt und schon deshalb ein Interesse daran, dass Sie reüssieren. Ihr Erfolg trägt zu seinem Erfolg bei und belegt nebenbei noch sein gutes Händchen in Sachen Personalauswahl.

Bis zum Beweis des Gegenteils sollten Sie daher auf die Unterstützung Ihres Vorgesetzten bauen. Die Bereiche, in denen Sie auf Chefhilfe setzen sollten, sind:

- Sachinformationen
  Ihr Vorgesetzter kennt normalerweise wichtige Fakten, Daten, Abläufe, die für Ihren Arbeitserfolg entscheidend sind. Als Führungskraft können Sie nicht erwarten, dass er Ihnen die ungefragt auf einem Silbertablett serviert: Holen Sie sich gezielt, was Sie brauchen – fragen Sie!

- Firmenpolitik
  Ihr Vorgesetzter weiß um Allianzen, Rivalitäten und Feindschaften im Unternehmen, er kennt die üblichen Seilschaften und Intrigen und könnte Sie daher vor einigen Fettnäpfen und blutigen Nasen bewahren. Einklagen werden Sie dieses Wissen natürlich nicht; bei gutem Einvernehmen können Sie aber auf den einen oder anderen Tipp hoffen.

- Größere Schwierigkeiten
  Ihr Vorgesetzter ist Ansprechpartner, wenn die Dinge ernsthaft aus dem Ruder laufen. Probleme zu lösen ist Ihr Job, aber wenn Ihnen ein Problem über den Kopf zu wachsen droht, ist die Flucht nach vorn allemal besser, als auf irritierte Nachfragen von oben reagieren zu müssen.

Wenn Sie Ihren Chef richtig zu nehmen wissen, kann er Ihnen so eine wichtige Stütze sein. Unschlagbare Methoden, sein Wohlwollen zu verspielen, wären zum Beispiel

- Besserwisserei (»Kann man das nicht viel rationeller handhaben?«),
- Jammern (»Das ist doch kaum zu bewältigen!«),
- Profilierung auf seine Kosten (etwa indem Sie aus dem Stand und öffentlich einen Verbesserungsvorschlag nach dem anderen bringen und so Zweifel an seiner Kompetenz schüren),
- Übergehen durch direkten Kontakt mit dem Chef vom Chef.

In den beiden letzten Fällen wird Ihr Vorgesetzter (nicht zu Unrecht) argwöhnen, Sie hätten bereits die Säge gezückt, und seinen Stuhl energisch verteidigen.

Und außerdem: Auch Ihr Vorgesetzter ist nur ein Mensch mit persönlichen Vorlieben und Abneigungen, Marotten und Steckenpferden. Stellen Sie sich darauf ein – ändern werden Sie ihn ohnehin nicht!

Wenn Ihr Vorgesetzter ein großer Zahlenliebhaber ist, bereiten Sie Ihr Anliegen eben mit vielen Daten und Statistiken auf; sieht er sich als visionären Führer, schildern Sie Zukunftsperspektiven und Möglichkeiten mit angemessener Begeisterung. Rücken Sie ihm nicht auf die Pelle, wenn er eher verschlossen-zurückhaltend agiert; bleiben Sie ruhig, wenn Sie es mit einem Hektiker zu tun haben. »Managing your boss« nennen das die Amerikaner, die uns in Sachen Pragmatismus wieder einmal einen Schritt voraus sind. Die cleveren unter Ihren Mitarbeitern werden es mit Ihnen genauso handhaben …

Ergebnisse & Erfolge – Ihre Sachaufgaben

Wackelige Basis

Kompetenzen, Verantwortungsbereich, Etat geklärt?

Wahrscheinlich treten Sie Ihren neuen Job voller Elan an – Sie wollen Ihre Chance nutzen und Ihr Bestes geben. Wobei? Na ja, Sie sollen sich um den Bereich X kümmern und das Projekt Y angehen und dabei können Ihnen die Mitarbeiter A und C zur Hand gehen. Mmh. Was heißt das konkret? Sind Sie weisungsbefugt gegenüber A und C? Wie viel Geld steht Ihnen für das Projekt Y zur Verfügung? Bis zu welcher Tragweite können Sie Entscheidungen treffen? Wer unterzeichnet Verträge und trifft Vereinbarungen? Wenn Sie das (noch) nicht wissen, sind Konflikte vorprogrammiert. Und wenn Sie selbst nicht wissen, woran Sie sind, sinken die Chancen, dass Ihre Mitarbeiter Sie für voll nehmen.

Erfahrene Führungskräfte werden solche Fragen daher in jedem Fall vor Stellenantritt klären. Als Führungsneuling konnten Sie vielleicht gar nicht genau abschätzen, was auf Sie zukommt, und haben deshalb im Einstellungsgespräch nicht genügend nachgebohrt. Die Folge: Sie starten in einer organisatorischen

Grauzone, in der effektives Arbeiten schwierig wird – sei es, weil sich Entscheidungsprozesse durch umständliche Abstimmungen im Einzelfall verzögern, sei es, weil Sie Entscheidungen nach Intervention »von oben« unverhofft zurücknehmen müssen, womöglich verbunden mit einem unangenehmen Gesichtsverlust. Sowohl Ihr Verantwortungsbereich als auch Ihre Entscheidungsbefugnisse müssen deshalb möglichst präzise umrissen sein.

Tipp Klären Sie Kompetenzfragen so rasch wie möglich. Wie hoch ist Ihr Etat insgesamt / für bestimmte Projekte? Wer unterzeichnet welche Verträge? Wie groß ist Ihr Verhandlungsspielraum bei externen Partnern? Bei welchen Entscheidungen müssen Sie sich nach oben absichern? Welche Entscheidungen werden in Abstimmung mit anderen Abteilungen getroffen? Suchen Sie das Gespräch mit Ihrem Vorgesetzten und bleiben Sie hartnäckig: Sie können nur erfolgreich sein, wenn Ihre Arbeitsbasis geklärt ist.

In vielen Fällen ist das ganz normale Alltagschaos dafür verantwortlich, dass Sie erst einmal im Nebel stochern. Unangenehmer – und in der Praxis gar nicht so selten – wird es jedoch, wenn Kompetenzgerangel seitens der Firmenleitung in Kauf genommen oder sogar provoziert wird, um die »durchsetzungsfähigsten« Kandidaten zu ermitteln. Erinnern Sie sich noch an die Erfahrung der Chemikerin Monika S. beim Einstieg als technische Leiterin in einem Großunternehmen (Seite 83 f.)? Hier wurde die Konkurrenz zwischen technischer und kaufmännischer Leitung bewusst geschürt. In die gleiche Richtung geht der Fall einer PR-Beauftragten in einem großen Weiterbildungsinstitut, die feststellen musste, dass die Institutsleitung nicht bereit war, den

Schlüsselbereich »Internet« eindeutig der PR-Abteilung oder aber der Abteilung »Neue Medien« zuzuschlagen – was ein aufreibendes Hickhack beider Bereiche provozierte.

Wenn Sie nicht als Loser dastehen wollen, bleibt Ihnen in solchen Fällen nichts anderes übrig, als das Spiel mitzuspielen und energisch die eigenen Interessen zu vertreten. Unabhängig vom Ausgang der Kontroverse will hier jemand offensichtlich testen, ob Sie den nötigen »Biss« haben.

Stochern im Nebel

Ziel- und Konzeptlosigkeit?

Fallbeispiel: *Nach einigen recht erfolgreichen Jahren im Außendienst wird Michael B. von einer kleinen, aber schnell wachsenden Konkurrenzfirma als Vertriebsleiter abgeworben. Über seine Erwartungen lässt der Firmenchef gar keinen Zweifel aufkommen: Die derzeitigen Umsatzzuwächse von 20 % pro Jahr sind zu halten und möglichst noch zu steigern; dazu soll ein neues Marktsegment erschlossen und das Vertriebsteam um zwei bis drei Mitarbeiter aufgestockt werden, was gleichzeitig eine Neuaufteilung der Reisegebiete bedingt. Als Zeithorizont für die Umstrukturierung fasst man gemeinsam etwa acht Monate ins Auge.*

Zweifellos eine Herausforderung für Michael B., um die ihn nicht jeder beneiden wird. Beneiden kann man ihn allerdings um die eindeutigen Zielvorgaben, mit denen er in seine neue Aufgabe startet. Eine große Zahl von Neueinsteigern hat es da schwerer und stochert erst einmal im Nebel. Diffuse Hoffnungen begleiten den Stellenantritt; da ist von »frischem Wind« und »unverstelltem Blick« die Rede; gleichzeitig wird mehr oder weniger argwöhnisch beäugt, wie sich der oder die Neue »denn so macht«. Läuft der Hoffnungsträger in die falsche Richtung, ist die Enttäuschung umso größer.

Damit Sie die richtige Richtung einschlagen können, müssen Sie wissen, wohin die Reise gehen soll. Weniger salopp gesagt: Sie müssen klare Zielvorstellungen entwickeln (können), die im Einklang mit den übergeordneten Unternehmenszielen stehen. Eindeutige Ziele sind die Voraussetzung für planvolles Vorgehen.

Sie werden daher in den ersten Wochen und Monaten das Terrain sondieren, um realistische Vorgaben für Ihr neues Arbeitsgebiet zu formulieren. Natürlich hat jedes Unternehmen ein Interesse daran, Kosten zu reduzieren, Produktivität und Kundenzufriedenheit zu erhöhen, Marktanteile zu sichern und auszubauen. Das sind jedoch nicht mehr als grobe Richtungsvorgaben, die in konkrete Handlungsziele übersetzt werden müssen.

Tipp Klopfen Sie Ihre Handlungsziele unter folgenden Gesichtspunkten ab:

- Sie die Ziele präzise formuliert?
- Sind sie messbar? (Ist ihre Einlösung objektiv feststellbar?)
- Sind sie realistisch (also prinzipiell erreichbar)?
- Sind sie zeitlich fixiert (also exakt terminiert)?

Auch wenn sich Ihre Ziele oft genug aus bestehenden Mängeln oder Missständen ergeben werden: Formulieren Sie sie positiv. Vermeidungsziele sind psychologisch ungünstig; ihnen fehlt die handlungsleitende Kraft. »Wir optimieren die Auftragsbearbeitung und brauchen spätestens im Januar im Schnitt nicht länger als zwei Tage bis zum Versand« wäre ein adäquates Ziel, an das sich strategische Überlegungen anschließen lassen. »Wir wollen nicht mehr so lange für die Auftragsbearbeitung brauchen« ist allenfalls eine vage Absichtserklärung und ähnlich aussichtsreich wie die meisten Neujahrsvorsätze.

Entwickeln Sie Ihre Ziele nicht im stillen Kämmerlein, sondern konkretisieren Sie sie in der Diskussion mit Ihren Mitarbeitern. Als Neueinsteiger können Sie auf deren Informationen und Einschätzungen ohnehin nicht verzichten; außerdem sichern Sie sich so ihre Unterstützung – diktierte Ziele haben wenig Aussicht auf Erfolg (vgl. auch Seite 72 ff. *Mitarbeitergespräche*).

Leiten Sie aus Ihren Zielen konkrete Maßnahmen ab, gehen Sie deren Umsetzung planvoll an: Welche Wege könnten zum Ziel führen? Welche Risiken, welche Vorteile sind mit bestimmten Wegen verbunden? Welche Ressourcen sind erforderlich? Was soll bei Schwierigkeiten / Problemen geschehen? Welche Kontrollmechanismen sind erforderlich? Kurz: *Wer* soll *was wie wann* und mit *welchem* (Wunsch-)*Ergebnis* tun?

Perfektionisten unter sich

Können Sie delegieren?

Sie hetzen von Termin zu Termin, von einem Meeting ins nächste, produzieren zwischendurch Konzepte und Papiere, planen und organisieren, korrespondieren und diskutieren – kurz (und schlecht): Sie ertrinken in Arbeit und gehören längst zu jenen knapp 40 % aller Arbeitnehmer, für die der Tag am besten mehr als 30 Stunden hätte.[27] Spötter in Ihrem Freundeskreis, die Sie seit Monaten nicht mehr in eine Kneipe oder ins Kino locken konnten, haken schon mal nach, ob Sie als Führungskraft denn gar nichts delegieren könnten? – Theoretisch schon, aber in der Praxis … Und wahrscheinlich werden Sie dann zu einigen der Lieblingsausreden stressgeplagter Chefs ansetzen:

- »Ich kann XY selbst viel besser erledigen!«
- »Es geht viel schneller, wenn ich XY selber mache!«
- »Ich weiß beim besten Willen nicht, wann ich die Zeit finden sollte, Mitarbeiter Müller XY zu erklären!«
- »XY ist so kompliziert, das kann ich keinem Mitarbeiter übertragen!«
- »Ich würde ja gerne, aber meine Mitarbeiter haben selbst mehr als genug zu tun!«
- »Das letzte Mal, als ich XY delegiert habe, kam nur Chaos dabei heraus. Und wer muss dafür den Kopf hinhalten? – Ich!«

Ergebnis: Ihr Tag ist prall gefüllt mit Xypsilons, Sie sind auf dem besten Weg zum ersten Magengeschwür, und geschicktere Kollegen ziehen auch noch locker an Ihnen vorbei und machen Karriere. Sie selbst sind auf Ihrem jetzigen Platz ja unentbehrlich.

Gerechterweise muss man zugeben: Mit diesem Problem stehen Sie nicht allein da. Erfahrene Führungskräfte sehen gerade im Delegieren einen zentralen Schwachpunkt des Führungsnachwuchses – so das Ergebnis einer Umfrage des renommierten Managementzentrums St. Gallen.[28] Und wie alle guten Ausreden sind auch die oben zitierten auf den ersten Blick ganz plausibel. Auf den zweiten Blick allerdings bröckelt ihre Überzeugungskraft:

- Natürlich können Sie vieles besser und schneller als Ihre Mitarbeiter. Dies dürfte einer der Gründe sein, warum man Ihnen mehr zutraut und Sie befördert hat. *Aber:* Mit dem Aufstieg hat sich Ihr Anforderungsprofil geändert. Sie müssen nicht mehr beweisen, dass Sie der beste Sachbearbeiter auf der Etage sind, sondern dass Sie Ziele vorgeben, planen, organisieren und eben auch *delegieren* können. Außerdem laufen Sie Gefahr, Ihre Mitarbeiter zu demotivieren, wenn Sie ihnen nur öde Routineaufgaben überlassen.
- Das Argument »keine Zeit« führt geradewegs in einen hübschen Teufelskreis: Weil Sie alles selbst machen, haben Sie keine Zeit zum Erklären, und weil Sie keine Zeit zum Erklären haben, werden Sie auch weiterhin alles selbst erledigen. Ob Sie da aussteigen, ist Ihre eigene Entscheidung.
- »Zu kompliziert«, »zu schwierig« – das mag auf manche Aufgaben durchaus zutreffen. Als Ausrede für das Gros der Aufgaben taugt es schwerlich. Außerdem: Gerade gute Mitarbeiter wollen gefordert werden.
- Ihre Mitarbeiter sind ausgelastet oder gar überlastet? Das könnte ebenso gut gegen deren Arbeitsorganisation oder gegen Ihre Vorplanung sprechen. Außerdem wird kaum ein Mitarbeiter von sich aus auf Leerlauf hinweisen.
- Dass ein Delegationsversuch missglückt ist, spricht ebenfalls nicht gegen das Prinzip als solches. Vielleicht haben Sie ja auch falsch delegiert?

Womit wir bei der Frage wären, wie man »richtig« delegiert und was man überhaupt delegieren kann. Halten Sie sich vor Augen, dass Delegation Sie entlasten und Ihnen Freiraum für Ihre *eigentlichen* Führungsaufgaben verschaffen soll – für Planung und

Konzeptionelles, Wahrnehmung Ihrer Personalverantwortung und Durchsetzung der Abteilungsinteressen auf dem Firmenparkett. Daraus ergibt sich: Wichtige Meetings mit der Geschäftsleitung können Sie selbstverständlich ebenso wenig delegieren wie die Etatplanung fürs nächste Halbjahr oder ein Kritikgespräch mit einem Mitarbeiter. Jenseits dieses Kernbereichs beginnt Ihr Delegationsspielraum. Delegieren Sie also nicht nur Routineaufgaben, sondern durchaus auch wirkliche Herausforderungen, deren Bewältigung Sie einem kompetenten Mitarbeiter – ggf. mit entsprechender Hilfestellung – zutrauen. Ihren Werbeassistenten mit einem Text für eine bestimmte Kampagne zu betrauen, ist keine (Delegations-)Kunst, ihn ein Gesamtkonzept erstellen zu lassen, schon eher. Delegation eröffnet Mitarbeitern so Entwicklungsmöglichkeiten und motiviert.

Tipp Um erfolgreich zu delegieren, sollten Sie

- sorgfältig und rechtzeitig planen, welche Ihrer Tätigkeiten Sie abgeben können,
- die Erfahrung und Kompetenzen Ihrer Mitarbeiter berücksichtigen,
- mit dem jeweiligen Mitarbeiter in Ruhe ein Übergabegespräch führen,
- in diesem Gespräch das erwartete Ergebnis (Ziel) genau erläutern,
- dem Mitarbeiter alle wichtigen Informationen geben und die nötigen Entscheidungskompetenzen mit delegieren,
- bei Bedarf für Rückfragen zur Verfügung stehen,
- gemeinsam den Termin für die Fertigstellung (bei umfangreichen oder schwierigen Aufgaben auch einen Termin für einen Zwischenbericht) festlegen und
- den Mitarbeiter dann in Ruhe arbeiten lassen!

»Delegieren ist kein Verteilen von Aufgaben, sondern die Vorgabe von Zielen, die erreicht werden müssen«, stellt der Manager und Trainer Gordon P. Rabey fest (1997, S. 168). Und die meisten Ziele kann man auf verschiedenen Wegen erreichen. Wenn Sie permanent kontrollieren und sich einmischen, frustrieren Sie Ihre Mitarbeiter und verspielen außerdem den erhofften Zeitgewinn. Kontrollieren Sie deshalb Arbeitsergebnisse, nicht Verhaltensweisen, und geben Sie Ihren Mitarbeitern abschließend ein ausgewogenes Feedback zu ihrer Leistung. Dabei können Sie neben positiven Aspekten immer noch Verbesserungsmöglichkeiten ansprechen.

Delegieren hat also viel mit Vertrauen in Ihre Mitarbeiter zu tun, denn auch wenn Sie die nötigen Entscheidungskompetenzen mit delegieren müssen: Die Verantwortung für Erfolg oder Misserfolg liegt weiterhin bei Ihnen; als Führungskraft können Sie sich nicht hinter »unfähigen Mitarbeitern« verstecken. Das wusste auch Harry Truman, dessen Schreibtisch angeblich ein Schild mit der Aufschrift zierte: »Hier bleibt der schwarze Peter hängen!«

Dass viele Führungskräfte Delegationsmuffel sind, mag daher an der uneingestandenen Angst liegen, die Kontrolle zu verlieren. Auch die Sorge, ein besonders kompetenter Mitarbeiter könnte sich auf Kosten des eigenen Ansehens profilieren, kann eine Rolle spielen. Und schließlich hat jeder bestimmte Lieblingsaufgaben, von denen er sich nur ungern trennt. Prüfen Sie sich einmal in einer stillen Stunde – sollte das (neben den eingangs zitierten »Sachargumenten«) etwa auch bei Ihnen der Fall sein?

Kreatives Chaos

Haben Sie Abläufe und Aufgaben gut organisiert?

Wenn Sie nicht gerade eine Behördenlaufbahn einschlagen, werden Sie und Ihre Mitarbeiter wahrscheinlich permanentem Kostendruck und hohem Arbeitsdruck ausgesetzt sein. Umso entscheidender ist eine effiziente Arbeitsorganisation für den Erfolg Ihrer Abteilung. In vielen Branchen führen wiederholte Umstrukturierungen, halbherzig umgesetzte Unternehmensberatungs-Rezepte, hohe Mitarbeiterfluktuation und interne Grabenkämpfe zu einem Grundchaos, an das sich viele der Beteiligten inzwischen (notgedrungen) gewöhnt haben. Und in den immer seltener werdenden Refugien relativer Stabilität wird häufig so agiert, »wie man das immer schon gemacht hat« – und das muss durchaus nicht die beste Vorgehensweise sein.

Ihr Startvorteil besteht in beiden Fällen darin, dass Sie noch nicht mit Betriebsblindheit geschlagen sind und die Dinge unvoreingenommen anpacken können. Ihr größter Fehler wäre allerdings, vollmundig Neuerungen zu propagieren, bevor Sie Ihr Arbeitsgebiet tatsächlich überblicken können. Die meisten Menschen sind Gewohnheitstiere und stehen Änderungen zunächst einmal ablehnend gegenüber. Greifen Sie daher erst ein, wenn Sie vom Erfolg bestimmter Maßnahmen wirklich überzeugt sind, und nutzen Sie die ersten Monate dafür, gezielt mögliche Schwachstellen auszuloten. Stellen Sie sich dazu folgende Fragen:

- → Sind die Kompetenzen und Arbeitsbereiche der verschiedenen Mitarbeiter eindeutig geklärt? Oder passiert es häufig, dass Dinge doppelt oder gar nicht erledigt werden?

- Werden durch die bisherige Aufgabenverteilung die Stärken und Schwächen Ihres Teams optimal genutzt? Oder könnte man durch eine Neuverteilung Mitarbeiterzufriedenheit und Produktivität steigern?
- Sind die Bedingungen dafür geschaffen, dass Ihre Mitarbeiter ihre Aufgaben optimal erledigen können? Oder fehlt es an technischer Ausstattung (z. B. EDV) bzw. Know-how, das durch Weiterbildungen vermittelt werden müsste?
- Klappt die interne Kommunikation in Ihrer Abteilung? Erhält jeder die Informationen, die er braucht, rechtzeitig und in der richtigen Form? Oder gibt es wiederholt Missverständnisse, Pannen, Informationslücken?
- Werden Meetings sinnvoll gehandhabt? Oder trifft man sich »aus alter Gewohnheit« viel zu häufig, viel zu lange, in viel zu großem Teilnehmerkreis?
- Gibt es Aufgaben und Tätigkeiten, die man ganz abschaffen könnte, weil der Aufwand in keinem Verhältnis zum Nutzen steht?
- Gibt es Aufgaben und Tätigkeiten, die nur unzureichend erledigt werden und die daher dringend aufgewertet werden müssten?
- Gibt es wiederkehrende Spitzen und Leerläufe im Arbeitsanfall? Was könnte man tun, um eine gleichmäßigere Arbeitsverteilung zu erreichen?

Natürlich müssen Sie als Führungskraft krisenfest sein. Sollte Ihr Arbeitsalltag allerdings in permanentem Krisenmanagement bestehen, liegt der Verdacht nahe, dass Sie einige dieser Fragen dringend stellen – und auch beantworten! – sollten.

Sich selbst im Griff

Funktioniert Ihr Selbstmanagement?

Für die Unternehmens- und Personalberaterin Hedwig Kellner lautet eine wichtige Spielregel des Erfolgs: »Erledigen Sie Ihre Aufgaben ohne Hast. (…) Sachbearbeiter können hasten und rennen. Führungskräfte müssen dynamisch (niemals phlegmatisch!), aber immer souverän und ruhig auftreten« (Kellner 1999, S. 232 f.). Leicht gesagt, denn was unter dem Gesichtspunkt des Selbstmarketings durchaus nachvollziehbar ist, stößt angesichts der Arbeitsbelastung in der Praxis schnell an Grenzen – die langen Arbeitstage der meisten Führungskräfte sprechen für sich. Dennoch muss man Frau Kellner Recht geben. Würden Sie hektisch durch das Unternehmen wieseln, kann man sich die Kommentare ausmalen: »Der Meier hat seinen Bereich wohl nicht im Griff?« Was also tun, wenn sich die Arbeit türmt und Sie sich am liebsten dreiteilen würden?

Ein erster Schritt ist sicherlich die Nutzung der klassischen Kniffe des Zeitmanagements, um den Arbeitsalltag effektiver zu organisieren. Sie haben weder Lust noch Zeit (!?), eines der zahllosen dicken Bücher zum Thema zu lesen? Akzeptiert, denn ganz unberechtigt ist die Sorge nicht, dass die minutiöse Zeitplanung, zu der viele Autoren erziehen wollen, rasch selbst zum Zeitproblem wird. Dennoch geben sie ein paar nützliche Verhaltensregeln, die verhindern helfen, dass die Zeitfalle zuschnappt.

- Setzen Sie Prioritäten. Das wiederum geht nur, wenn Sie Ihre Ziele für die nächsten Wochen, Monate und auch darüber hinaus klar formuliert haben (vgl. Seite 102 ff. *Ziel- und Konzeptlosigkeit?*). Vor diesem Hintergrund bringen Sie das Anstehende in eine Rangfolge. In den ersten Arbeitswochen wird das Kennenlernen Ihrer Mitarbeiter, Ihres Arbeitsgebiets und der Abläufe im Haus sicher ganz oben auf Ihrer Liste stehen; anschließend werden Sie sich Gedanken über Ihre sachlichen Zielvorstellungen im Rahmen der allgemeinen Unternehmensziele machen, wichtige Kunden besuchen usw.

- (Ver-)Planen Sie Ihre Arbeitszeit – allerdings nur zu ungefähr 60 %. Der Rest geht erfahrungsgemäß für Unvorhergesehenes drauf.
- Schaffen Sie sich störungsfreie Zeiten. Zugegeben nicht ganz leicht für eine Führungskraft, die gleichzeitig ein offenes Ohr für ihre Mitarbeiter haben will. Das heißt aber nicht zwangsläufig, dass Ihre Tür immer und jederzeit allen offen stehen muss. Kein Wunder, dass Sie mit Ihrer Quartalsplanung nicht weiterkommen, wenn Sie innerhalb von zwei Stunden siebenmal »eine kurze Frage« beantworten mussten. In manchen Unternehmen hat sich deshalb die Sitte eingebürgert: Tür auf – offenes Ohr; Tür zu – Stören verboten.
- Optimieren Sie die Zusammenarbeit mit Ihrer Sekretärin. Dies beginnt bei einem funktionierenden Ablagesystem, das auch in Vertretungs- und Urlaubszeiten keinen detektivischen Spürsinn erfordert. Untersuchungen zufolge geht im Schnitt ein Viertel der Arbeitszeit fürs Suchen drauf! Wenn Sie das Führen Ihres Terminkalenders delegieren, tun Sie das konsequent – alles andere löst Chaos aus.
- Delegieren Sie konsequent geeignete Tätigkeiten, um sich Freiräume für Ihre eigentlichen Führungsaufgaben zu schaffen (Näheres dazu auf Seite 104 ff. *Können Sie delegieren?*).
- Bündeln Sie gleichartige Aufgaben. Führen Sie etwa anstehende Telefonate möglichst en bloc, diktieren Sie Ihre Kor-

respondenz am Stück, erledigen Sie die lästigen Reisekostenabrechnungen auf einen Schlag.

- Machen Sie sich nicht zum Opfer der täglichen Informationsflut. Hausmitteilungen, Protokolle, Anfragen, Berichte, Fachzeitschriften, Einladungen zu Seminaren und Kongressen, Werbematerial … – all das landet täglich auf Ihrem Schreibtisch. Trennen Sie mutig die Spreu vom Weizen.
- Nehmen Sie Arbeitsvorgänge nur einmal in die Hand und arbeiten Sie sie ab – entscheiden Sie, was passieren muss. Etwas anlesen, dann weglegen und später noch einmal durchgehen, kostet nur unnötig Zeit.
- Verabschieden Sie sich vom Perfektionismus. Zeitmanagement-Experten zitieren in diesem Zusammenhang das Pareto-Prinzip[29] (auch als 80/20-Regel bekannt). Danach bringen 20% der aufgewendeten Zeit in der Regel 80% der Ergebnisse; 80% der Zeit gehen für nur 20% der Resultate drauf. Wenn Sie sich vergegenwärtigen, wie langwierig es oft ist, einem bereits stehenden Konzept »nur noch« den letzten Schliff zu geben, leuchtet diese These ein. Fragen Sie sich also, ob zusätzlicher Aufwand und Nutzen in einem vertretbaren Verhältnis stehen.
- Prüfen Sie Arbeitsabläufe und Routinen kritisch. Kann man beispielsweise Abläufe vereinfachen, bestimmte Meetings abschaffen oder in größerem Abstand abhalten? (Vgl. auch Seite 109 ff. *Haben Sie Abläufe und Aufgaben gut organisiert?*)

All dies hilft, effektiver zu arbeiten – gut organisiert zu sein, erleichtert Ihnen das Leben. Allerdings beschränkt sich Selbstmanagement nicht darauf, wie ein gut geöltes Rädchen reibungsfrei zu funktionieren. Sorgen Sie dafür, dass es noch Freiräume gibt. Selbst die Päpste des traditionellen Zeitmanagements haben ihre Perspektive inzwischen erweitert und drängen darauf, andere wichtige Lebensbereiche – Familie, Freizeit, Gesundheit – gleichberechtigt in die Lebensplanung einzubeziehen. Stephen Covey[30] etwa empfiehlt, doch einmal seine eigene Grabrede zu entwerfen, um sich bewusst zu machen, was wirklich wichtig ist im Leben. »Er widmete sein Leben ganz der Firma und wurde durch einen Herzinfarkt leider viel zu früh aus unserer Mitte gerissen«, steht wahrscheinlich nicht auf Ihrem Wunschzettel. Nach der unvermeidbar stressigen Einarbeitungszeit sollten Sie daher dafür sorgen, dass Ihr Leben wieder in eine gesunde Balance kommt. Planen Sie private Aktivitäten und Freizeit bewusst mit ein. Nur wenn Sie ein Gegengewicht zum aufreibenden Berufsalltag schaffen, werden Sie auf Dauer kreativ und leistungsfähig bleiben (vgl. auch Seite 26 ff. *Umgang mit Stress*).

Letzte Worte

Hier endet dieser Kurzführer durch den Chefalltag. So viel ist sicher: Ein Führungsjob ist alles andere als einfach – und gerade deswegen eine spannende Herausforderung. Ab jetzt sind Sie auf den verschiedensten Gebieten gefordert: als Kommunikator, Organisator, Planer, Taktiker und hin und wieder auch als fachlicher Experte. Alle Rollen gleichermaßen gut zu spielen, gelingt selbst alten Hasen nicht, aber die verschiedenen Funktionen immer besser auszuüben, ist eine Frage der Praxis – und guter Vorbereitung. Ich würde mich freuen, wenn dieser Band dazu beigeträgt!

Anmerkungen

1 Das Assessment Center ist hier längst nicht mehr der Weisheit letzter Schluss. Die RIFU Personalberatung in Frankfurt am Main etwa, die sich auf die Rekrutierung von Führungsnachwuchs spezialisiert hatte, warb auf ihrer Website: »So kann es vorkommen, dass der zukünftige Vorstandsassistent sein Führungspotenzial und seine Teamfähigkeit zunächst bei einer Canyon-Tour im Gebirge unter Beweis stellen muss und uns der künftige Unternehmensberater bei den Aufnahmen zu einem Werbefilm von seiner Kommunikationsstärke überzeugt.«

2 Hesse / Schrader 1996, S. 226.

3 Walter 2005, S. 220 ff. Nach diesem Führungsverständnis ist der Vorgesetzte vor allem »Dienstleister seiner Mitarbeiter und tut alles, was in seinen Kräften steht, um ihnen die Rahmenbedingungen für ihre Arbeit so optimal wie möglich zu gestalten« (ebd., S. 221).

4 *Der Spiegel*, 1 / 2000, S. 50.

5 Gordon 2003, S. 172 ff.

6 So das Ergebnis einer Forsa-Umfrage; Quelle: *Bizz*, 7 / 99, S. 24 f.

7 Gabriele Stöger: *Wie führe ich meinen Chef? Erfolgreiche Kommunikation von unten nach oben*, Zürich 1999, S. 13.

8 *Wirtschaft & Weiterbildung*, Nr. 4 / 1997.

9 Zitiert nach *Wirtschaft & Weiterbildung*, Nr. 4 / 1997.

10 Das Forsa-Meinungsforschungsinstitut befragte hierzu im Auftrag des Magazins bundesweit 700 Beschäftigte (*Bizz*, 7 / 99, S. 32).

11 Zitiert nach Gordon 2003, S. 36.

12 George Walther: *Sag, was du meinst, und du bekommst, was du willst*, München, 17. Aufl. 1999.

13 Quelle: *Wirtschaft & Weiterbildung*, Nr. 6 / 1998, Artikel »Führungskräfte-Entwicklung: Reibungspunkt im Management-Getriebe?«.

14 Vgl. zum Beispiel Walter 2005, S. 437 f., der den »Reifegrad« eines Mitarbeiters an den Dimensionen Fähigkeit / Unfähigkeit – Willigkeit / Unwilligkeit festmacht, oder Koch 1999, S. 41 ff., der ebenfalls mit dem »Einstellungs- und Kompetenzschema« operiert.

15 So konstatiert das Fachmagazin *Managerseminare* im März 2000 den »Knock-out für Teamarbeit« und der Management-Guru Peter Drucker stellt fest: »Teamarbeit nimmt nicht zu – mit einer Ausnahme: im Reden der Unternehmen« (ebd., S. 29).

16 637 Fach- und Führungskräfte wurden nach dem Gruppenverhalten ihrer Vorgesetzten gefragt (Quelle: *Bizz*, 12/99, S. 28).

17 *Managerseminare* (Heft 41, März 2000, S. 31) ermittelte in einer Leserbefragung die folgenden »typischen Fehler von Teamleitern«: geben keine klare Aufgabenstellung (84%); kehren Konflikte unter den Teppich (76%), sind zu dominant (68%), machen keinen Zeitplan (55%), loben zu wenig (52%).

18 *Handelsblatt/Junge Karriere*, Nr. 5/1999, S. 32. Befragt wurden Berufstätige bis zum Alter von 39 Jahren.

19 Zitiert nach Pawlowski/Riebensahm 2003, S. 196.

20 Vgl. *Handelsblatt/Junge Karriere*, Nr. 2/2000, S. 26 ff.

21 Vgl. *Wirtschaft & Weiterbildung*, Nr. 2/1996. Unter dem Titel »Die ersten 100 Tage als Führungskraft« berichtet das Fachmagazin über eine repräsentative Umfrage der Trainer-Föderation GmbH Hildesheim unter »etablierten« wie »potenziellen« Führungskräften.

22 Vgl. Kellner 1999, S. 201 f., die diese Studie ausführlicher referiert. Erfolgsfaktor 9 lautet danach: »Sie [die Führungskraft] kann eigene Fehler und Irrtümer zugeben und verzichtet auf Lügen und Beschönigungen.«

23 So das Ergebnis der bereits erwähnten Umfrage der Trainer-Föderation GmbH Hildesheim (vgl. Anm. 21). Weitere 36,7% fühlen sich durch den Arbeitgeber zufriedenstellend bis gut und nur 3,3% sehr gut vorbereitet.

24 Quelle: *Bizz*, 8/99, S. 41.

25 Quelle: *Bizz*, 1/2000, S. 37.

26 Selbstverständlich scheint das allerdings nicht: Der *Harvard Business Manager* (1/2000) zitiert Studien, denen zufolge 30 bis 50% aller Neubesetzungen im Führungsbereich mit einer raschen Kündigung durch Unternehmen oder Kandidaten enden. Vgl. »Die Führungsposition richtig besetzen – eine Kunst«, ebd., S. 56.

27 *Focus*, 1/2000, S. 94. Im Auftrag des Magazins befragte die Gesellschaft für Konsumforschung (GfK) insgesamt 539 Berufstätige. Um »ausreichend Zeit« zu haben, um »alles zu tun, was sie möchten«, sollte für 7,9% aller Befragten der Tag mehr als 24 Stunden, für 37,8% sogar mehr als 30 Stunden haben. Mit dem 24-Stunden-Tag zufrieden waren 47,5%.

28 Quelle: *Wirtschaft & Weiterbildung*, Nr. 6/1998.

29 Benannt nach Vilfredo Pareto, einem italienischen Volkswirt und Soziologen (1848 – 1923).

30 Der Autor des Bestsellers *Die sieben Wege zur Effektivität* (Frankfurt am Main) und ein weltweit bekannter Zeitmanagement-Experte.

Literaturverzeichnis

Gordon, Thomas: Managerkonferenz. Effektives Führungstraining, München 2003 (1. Aufl. 1979)

Hesse, Jürgen / Schrader, Hans Christian: Die Neurosen der Chefs. Die seelischen Kosten der Karriere, Frankfurt am Main 1996

Kaden, Klaus / Kästner, Günter: Fit für den neuen Job. Die richtigen Strategien für einen guten Einstieg, München 1999

Kellner, Hedwig: Sind Sie eine gute Führungskraft? Was Mitarbeiter und Unternehmen wirklich erwarten, Frankfurt am Main 1999

Koch, Richard: Die ersten 100 Tage als Chef. Das Trainingsprogramm für Vorgesetzte, Niedernhausen 1999 (1. Aufl. 1998)

Kohlmann-Scheerer, Dagmar: Gestern Kollege – heute Vorgesetzter, Offenbach 2004

Müller-Thurau, Claus Peter: Das 1. Jahr im neuen Job, Regensburg 1999

Pawlowski, Klaus / Riebensahm, Hans: Konstruktiv Gespräche führen. Fähigkeiten aktivieren, Ziele verfolgen, Lösungen finden, Reinbek bei Hamburg 2003 (1. Aufl. 1998)

Rabey, Gordon P.: Basiswissen für Führungskräfte, Niedernhausen 1997

Sprenger, Reinhard K.: Mythos Motivation, Frankfurt am Main 2007 (1. Aufl. 1991)

Topf, Cornelia: Körpersprache und Berufserfolg, Niedernhausen 1999

Walter, Henry: Handbuch Führung. Der Werkzeugkasten für Vorgesetzte, überarb. u. erw. Aufl., Frankfurt am Main 2005 (1. Aufl. 1998)

Register

Der Job-Knigge für die Westentasche

berufsstrategie

Petra Begemann

Der kleine Business-Knigge

120 Seiten, broschiert

€ 8,95 (D)/sFr 17,–/€ 9,20 (A)

ISBN 978-3-8218-5962-0

Eine wichtige, aber häufig unterschätzte Voraussetzung für den Berufserfolg ist der richtige Umgang mit Geschäftspartnern, Vorgesetzten und Kollegen. Es gibt eingeführte Regeln, die man beachten muss – aber auch viele ungeschriebene Gesetze, die eigentlich nur Insider kennen.

In diesem Buch erfahren Sie, wie man überzeugt:

- überzeugendes Image, Outfit und Auftreten
- der richtige Umgang mit Kollegen und Chefs
- gekonnte Kommunikation im Job
- alle klassischen Benimmregeln
- Schnellkurs Geschäftsessen

Eichborn

www.eichborn.de